普通高等教育规划教材

Celiang Xue Shiyan ji Yingyong

# 测量学实验及应用

孙国芳　主编

人民交通出版社股份有限公司

China Communications Press Co.,Ltd.

# 内 容 提 要

本书共分四部分,第一部分为测量实验、实习须知,主要介绍测量实验、实习需要了解的知识;第二部分为测量实验项目,主要介绍水准仪、经纬仪等常规测量仪器的使用、检验、校正,水准测量、角度测量、钢尺量距和罗盘仪定向等基本测量操作方法,以及数字水准仪、电子全站仪、全球定位系统(GPS)接收机和全球导航卫星系统(GNSS)接收机的使用等;第三部分为测量实习项目,主要包括大比例尺地形图测绘、建筑物轴线测设和高程测设、管线纵断面图测绘、道路纵横断面图测绘;第四部分为测量学作业,列出了图根导线测量内业、地形图绘制和地形图应用等作业。

本书作为《测量学》配套教学辅助用书,可作为高等院校土木工程、给排水工程、建筑环境与设备工程、工程管理、城市规划、道路桥梁与渡河工程、交通工程、交通信息与控制工程专业本科生教学参考用书。

## 图书在版编目(CIP)数据

测量学实验及应用 / 孙国芳主编. — 北京 : 人民交通出版社股份有限公司, 2015.3
ISBN 978-7-114-12103-6

Ⅰ. ①测… Ⅱ. ①孙… Ⅲ. ①测量学—实验—高等学校—教材 Ⅳ. ①P2-33

中国版本图书馆 CIP 数据核字(2015)第 042681 号

普通高等教育规划教材

| | |
|---|---|
| 书　　名: | 测量学实验及应用 |
| 著 作 者: | 孙国芳 |
| 责任编辑: | 刘永超　卢俊丽 |
| 出版发行: | 人民交通出版社股份有限公司 |
| 地　　址: | (100011)北京市朝阳区安定门外外馆斜街 3 号 |
| 网　　址: | http://www.ccpress.com.cn |
| 销售电话: | (010)59757973 |
| 总 经 销: | 人民交通出版社股份有限公司发行部 |
| 经　　销: | 各地新华书店 |
| 印　　刷: | 北京虎彩文化传播有限公司 |
| 开　　本: | 787×1092　1/16 |
| 印　　张: | 9 |
| 插　　页: | 1 |
| 字　　数: | 212 千 |
| 版　　次: | 2015 年 3 月　第 1 版 |
| 印　　次: | 2023 年 1 月　第 5 次印刷 |
| 书　　号: | ISBN 978-7-114-12103-6 |
| 定　　价: | 19.00 元 |

(有印刷、装订质量问题的图书由本公司负责调换)

# 前　言

随着我国经济的发展,国家的基本建设始终离不开测绘技术;随着科技的进步及测量仪器的数字化和电子化,测绘工作也需要具备前沿知识的人才,测量实践是培养这方面人才的重要组成内容。

测量学实验、实习是重要的实践教学环节。哈尔滨工业大学测量中心在50多年实践教学的基础上,根据教学内容和教学资料汇编出《测量学实验及应用》,为测量学课程的实践环节提供参考。

本教材适应开放型实验要求,便于学生自学,将教学内容分成四个部分:第一部分为测量实验、实习须知;第二部分为测量实验项目,讲述了常规测量仪器之水准仪、经纬仪的使用、检验、校正,水准测量、角度测量、钢尺量距和罗盘仪定向等基本测量操作方法,以及经纬测绘地形图,圆曲线测设等内容,电子设备中数字水准仪的使用,电子全站仪的使用,数字水准仪三、四等水准测量实验项目和全站仪数字化测图实验项目,全球定位系统(GPS)接收机的使用,全球导航卫星系统(GNNS)接收机的使用;第三部分为测量实习项目,根据教学大纲及各专业实际应用进行内容设置,主要有大比例尺地形图测绘,建筑物轴线测设和高程测设,管线纵断面图测绘,道路纵、横断面图测绘;第四部分为测量学作业,列出了图根导线测量内业、地形图绘制和地形图应用等作业。

本教材在编写过程中得到了姬玉华、夏冬君、孔凡玉、王世成、陶泽明等测量中心全体老师的大力支持和帮助,他们为本教材提出了许多宝贵意见,在此表示衷心的感谢。

本书若有不妥之处,欢迎批评指正。

作　者
2014 年 12 月

# 目　　录

# 第一部分　测量实验、实习须知

测量学是一门实践性很强的技术基础课,测量实验、测量实习是测量学教学中不可缺少的重要环节。只有通过实验、实习和对测量仪器的操作,包括进行安置、观测、记录、计算、写作实验报告、绘图等,才能真正掌握测量的基本方法和基本技能。

## 测量实验、实习的一般规定

(1)实验、实习前,必须阅读《测量学》的有关章节及本书的相应实验、实习项目。

(2)实验、实习时分别以小组为单位进行,组长负责组织和协调实验、实习工作,办理所用仪器、备品的借用和归还手续。

(3)实验、实习应在规定的时间和指定的场地内进行,不得无故缺席、迟到、早退;不得擅自改变地点或离开现场。

(4)遵守测量中心的"测量仪器、备品的借用规则"。尊重教师的指导,按照实验、实习的要求,认真、按时、独立完成任务。

(5)测量手簿应该用铅笔(2H 或 3H)正楷书写文字及数字,字迹要端正。在观测前,应先将仪器型号、编号、日期、天气、记录者、观测者、测站和已知数据等填写齐全。

(6)测量中记录者听取观测者读数后,应向观测者回报读数,以免记错。

(7)记录数据若发现有错误,不准涂改,不准用橡皮擦拭,不准事后转抄(运算数据写错可用橡皮擦去重写),而应该用细斜线划去错误数字,在原数字上方写出正确数字;观测数据的尾数不得更改,记录数据要完整(如水准尺读值 1.500,度盘读值 126°06′00″),不可将零尾数省略。

(8)每一测站观测完成后,必须立即进行计算和检核,确认无误后,方可迁站。

(9)数据的运算中,按"4 舍 6 入,5 前单进、双舍"的规则进行凑整,如 1.426 4m,1.425 6m,1.426 5m,1.425 5m 等,这些数字若取至毫米位,则均可计为 1.426m。

(10)实验、实习结束后,应把观测记录和实验报告及实习成果交给指导教师审阅;要及时清洁收装仪器、备品,送归实验室检查验收,办理归还手续。

## 测量仪器使用规则与注意事项

测量仪器是贵重的精密仪器,目前正向电子化、数字化方向发展,其使用功能日益先进,价格亦更为昂贵。对测量仪器必须正确使用、精心爱护和科学保养,这是测量工作者应具备的品质和技能,也是保证测量成果的质量、提高工作效率和延长仪器备品使用年限的必要条件。因此,在测量中必须严格遵守下列仪器、备品的使用规则和注意事项。

1．仪器、备品的借用

（1）以实验、实习小组为单位，凭学生证向实验室办理借用测量仪器和备品手续。

（2）借用时，一定当场清点检查仪器、备品的数量是否齐全，实物与清单是否相符，器件是否完好，如有缺损可以进行补领和更换。

（3）搬运前，必须检查仪器箱是否锁好，搬运时，必须轻取轻放，避免剧烈振动和碰撞。

（4）实验、实习结束后，应及时收装清点仪器、备品，清除仪器、备品上的泥土，特别是钢尺，必须擦净涂油，以防生锈，送归实验室检查验收。

（5）仪器设备若有丢失和损坏，应写出书面报告说明情况，进行登记，并按有关规定进行赔偿。

2．仪器的安置

（1）先将仪器的三脚架在地面安置稳妥，架头大致水平，高度适中，安置经纬仪的脚架应与地面点大致对中。若为泥土地，应将脚架尖踩入土中，若为坚实地面，应采取措施，防止脚架滑动。然后打开仪器箱。

（2）仪器从箱中取出之前，一定要注意观察仪器在箱中的正确位置，以免仪器装箱时困难。

（3）取出仪器时，应先松开制动螺旋；用双手握住支架或基座，轻轻安放到三脚架架头上；一手握住仪器，一手旋紧连接螺旋，使仪器与三脚架连接牢固。

（4）安置好仪器以后，关闭仪器箱，防止灰尘等进入箱内。严禁坐在仪器箱上。

3．仪器的使用

（1）仪器安置在三脚架上之后，无论是否操作，必须有人看护，避免仪器被路过行人或车辆碰撞。

（2）仪器镜头上的灰尘，必须用软毛刷或镜头纸轻轻擦拭，严禁用手指或手帕等擦拭；观测结束后应及时套上物镜盖。任何时候都不应将望远镜瞄准太阳，以免灼伤眼睛。

（3）在阳光下观测，应撑伞防晒，雨天应禁止观测；对于电子测量仪器，在任何情况下均应撑伞防护。

（4）转动仪器时，应先松开制动螺旋，然后平稳转动；若仪器旋转手感有阻力时，不要使劲转动，应查明原因。使用微动螺旋时，应先旋紧制动螺旋，制动螺旋的松紧要适度。微动螺旋不要旋到止点。使用各种螺旋都应均匀用力，以免损伤螺纹。

（5）仪器在使用过程中发生故障，应及时向指导教师报告，不得擅自处理。

4．仪器的搬迁

（1）若距离较远，必须将仪器装箱后再迁站。

（2）若距离较近，可将仪器连同脚架一起迁站。迁站前，先检查连接螺旋是否旋紧，松开各制动螺旋。若是经纬仪，则将望远镜物镜向着度盘中心，均匀收拢三脚架腿，一手握住仪器基座或支架放在胸前，一手抱住脚架，稳步行走。严禁斜扛仪器，以防碰撞。

（3）迁站时，应带走仪器所有的附件及备品，防止丢失。

5．仪器的装箱

（1）仪器装箱前，应先将脚螺旋调至中段，使其大致同高，清除仪器上的灰尘，套上物镜盖,松开各制动螺旋。一手握住仪器,一手松开连接螺旋,双手取下仪器。

(2)仪器放入箱内,使其正确就位,试关箱盖,确认放妥后,再旋紧各制动螺旋并放入垂球,关箱上锁。若箱盖合不上,务必要调整仪器位置,切不可强压箱盖,以防损坏仪器。

6.仪器备品的使用

(1)使用钢尺时,应使尺面平铺地面,防止扭转、打圈,防止人、车踩压,尽量避免钢尺沾水。量好一尺段前进时,必须将钢尺提起离地,携尺前进,不得将尺沿地面拖行。钢尺用毕,应擦净并涂油防锈。

(2)皮尺的使用方法基本上与钢尺相同,但量距时使用的拉力应比使用钢尺时的小,皮尺如果受潮,应晾干后再卷入盒内。卷皮尺时切忌扭转卷入。

(3)使用测图板时,应注意保护板面,不得乱写乱扎,不得施以重压。

(4)使用水准尺和标杆时,应注意防止受横向压力;防止竖立时倒下;防止尺面刻划受磨损。使用塔尺时,应注意接口处的正确连接,用后及时收尺。标杆不可当棍棒来玩耍,也不可用其抬仪器和其他备品。

(5)小件备品(垂球、测钎、尺垫等)用完即收,防止丢失。

# 第二部分   测量实验项目

测量实验是测量学课堂教学期间随堂安排的实践性教学环节。通过测量实验,可加深学生对测量学基本概念的理解,初步掌握测量仪器的使用方法并领会操作要领,为后续课程的学习打好基础。本书列出的测量实验项目是按《测量学》学习的先后顺序安排的,并附有实验报告。实验项目由教师在每次布置实验课任务时通知,使学生有时间预习,明确实验目的、内容和操作方法。

每项实验的学时为 2 学时或 4 学时,实验小组人数一般为 4 人。但也可根据实验的具体内容以及仪器设备条件作灵活安排,以保证每人都能进行观测、记录、做辅助工作等实践。

每项实验应在观测时作现场记录,并作必要的计算;若发现实验结果不符合要求,应及时补做;实验结束后上交实验报告。

实验成绩占测量学考试总成绩的 30%。

## 实验一   水准仪的使用

### 一、目的与要求

(1)了解 $DS_3$ 型微倾式水准仪的构造,认识仪器主要性能及各部件名称和作用。

(2)练习水准仪的正确安置、瞄准、读数。

(3)练习普通水准测量的施测、记录及计算方法。

### 二、计划与设备

(1)实验学时为 2 学时;实验小组 4 人,分工为:1 人观测,1 人记录,2 人立尺,轮流作业。

(2)实验设备为 $DS_3$ 型微倾式水准仪 1 台,水准尺 1 副,尺垫 2 个,记录板 1 块,铅笔 1 支。

### 三、方法与步骤

1. 水准仪的认识与使用

(1)认识 $DS_3$ 型水准仪的仪器构造及各部件名称

图 2.1.1 为 $DS_3$ 型微倾式水准仪的外形和各部件名称。

(2)水准仪的安置和使用

①安置仪器:外业测量时设置仪器的地点称为测站。在测站上松开三脚架伸缩固定螺旋,按需要调整架腿的高度,旋紧螺旋,张开架腿使架头大致水平并踩实架腿;打开仪器箱取出仪器(取出前注意仪器在箱中的安放位置),一手握住仪器,一手将三脚架架头上的连接螺旋旋入仪器基座内(松紧适度),关上仪器箱。

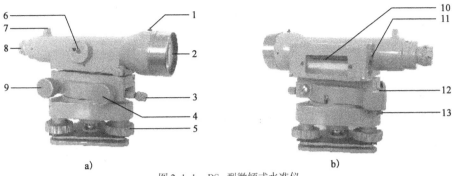

图 2.1.1　DS₃ 型微倾式水准仪

1-准星;2-物镜;3-制动螺旋;4-微动螺旋;5-脚螺旋;6-物镜调焦螺旋;7-缺口;8-望远镜目镜;9-微倾螺旋;10-水准管;11-水准管观察放大镜;12-圆水准器;13-圆水准器校正螺丝

②粗平:水准仪粗平是旋转仪器的脚螺旋使圆水准器的气泡居中。如图 2.1.2 所示,按"左手拇指规则"(气泡移动方向与左手拇指转动方向一致)对向旋转一对脚螺旋,如图 2.1.2a)所示;再旋转第三个脚螺旋使气泡居中如图 2.1.2b)所示(或者以相同的方向和速度转动原来的一对脚螺旋使气泡居中)。这是整平测量仪器的基本功,必须反复练习。当操作熟练后不用旋转脚螺旋,旋转一个脚架腿即可粗平。

③瞄准:旋转目镜调焦螺旋,使十字丝清晰;松开水平制动螺旋,在水平方向轻轻转动仪器,通过望远镜上的缺口和准星初步瞄准水准尺,旋紧水平制动螺旋;旋转物镜调焦螺旋使水准尺成像清晰;转动水平微动螺旋,使水准尺影像的一侧靠近十字丝纵丝(检查水准尺是否竖直);眼睛略做上下移动,检查十字丝与水准尺分划影像间是否有相对移动(视差);如果存在视差,则重新进行目镜调焦与物镜调焦,消除视差。

④精平:确定水准管(管水准器)的水平位置,使水准仪的视线精确水平。转动微倾螺旋,使水准管气泡居中,从目镜旁的气泡观察镜中,可以看到符合水准管气泡两个半边的影像,如图 2.1.3 所示。当两端的影像符合时,水准管气泡居中如图 2.1.3a)所示。注意微倾螺旋转动方向与水准管气泡影像移动方向的一致性,见图 2.1.3b)、c)。

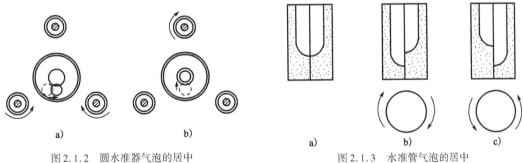

图 2.1.2　圆水准器气泡的居中
a)对向旋转一对脚螺旋;b)第三个脚螺旋转动方向

图 2.1.3　水准管气泡的居中

⑤读数:在倒(正)像望远镜中看到水准尺的像是倒(正)立的,为了读数的方便,水准尺上的注记是倒(正)写的,在望远镜中看到注记是正的。尺上注记以米(m)为单位,每隔 10cm 注字。每个黑色(红色)和白色的分划为 1cm,人眼的分辨率是 0.1,可在十字丝的横丝上估读到毫米(mm)。读数时从小的注记数往大的注记数方向数,对于倒像望远镜从上往下数,而正像望远镜从下往上数。

图 2.1.4 水准尺读数

读取四位数,即直读米(m)、分米(dm)、厘米(cm)、估读毫米(mm)。图 2.1.4 水准尺读数,读数为 1.461m。由于在水准尺上总是读出四位数,所以可简单地记为 1 461,单位为 mm(若 m 位是零则用 0 占位,为 0 461)。尺上注有一个点即表示 1m,尺上注有两个点即表示 2m,…,…,若没有点,则表示不到 1m。

读数后应立即观察在水准管(放大镜)内的气泡是否仍居中,如居中,读数有效;否则应重新符合,使气泡居中后再读数。

2. 练习水准测量

(1)从已知高程的水准点 $BM_1$ 为起点,相距约 300m,选定另一水准点 $BM_2$ 作为待测点(两点均由教师指定,$BM_1$ 点高程已知,测定 $BM_2$ 点的高程),其间再设置 4 站,进行连续水准测量,如图 2.1.5 所示。

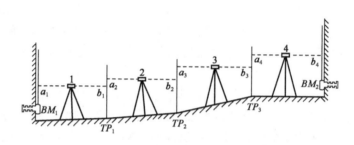

图 2.1.5 连续水准测量

(2)在起点 $BM_1$ 与第一个立尺点中间(前、后视距离大致相等,用目估或步测,视线长度小于 80m 为宜)安置水准仪,立尺点可以选择有凸出点的固定地物或安放尺垫。观测者按下列顺序观测:

后视立于水准点 $BM_1$ 上的水准尺,瞄准、精平、读数 $a_1$;
前视立于第一转点 $TP_1$ 上的水准尺,瞄准、精平、读数 $b_1$。

(3)依次设站,用相同的方法进行观测,直至 $BM_2$ 点。

(4)观测者的每次读数,记录者应复述并当场记录;后视、前视读毕,应立即计算高差,即

$$h_i = a_i - b_i$$

(5)计算并检核。$BM_1$、$BM_2$ 两点间高差

$$h_{12} = \sum h_i = \sum a_i - \sum b_i$$

$BM_2$ 点高程

$$H_{BM_2} = H_{BM_1} + h_{12}$$

(6)数据记录格式见表 2.1.1。

## 四、注意事项

(1)仪器安放到三脚架上,必须旋紧连接螺旋,检查是否连接牢固。

(2)水准仪在每次读数前,必须精平(使水准管气泡严格居中)。

(3)瞄准目标必须消除视差;每个测站前、后视距离尽量相等。

（4）水准尺读数应从小数向大数增加方向读；以米（m）为单位记录；必须读 4 位数：米（m）、分米（dm）、厘米（cm）、毫米（mm），不是 1m 的读数，第一位数为 0；如为整分米、整厘米读数时，相应的位数也应补 0。

（5）在水准测量中，相邻前、后两站观测中的转点位置不得变动。

水 准 测 量 手 簿 表 2.1.1

| 测站 | 测点 | 后视 | 前视 | 高 差（m）（+） | （－） | 高程（m） | 备注 |
|---|---|---|---|---|---|---|---|
| 1 | BM$_1$<br>\|<br>TP$_1$ | 0 849 | 1 485 | | 0.636 | 137.378 | |
| 2 | TP$_1$<br>\|<br>TP$_2$ | 1 460 | 1 468 | | 0.008 | | |
| 3 | TP$_2$<br>\|<br>TP$_3$ | 1 456 | 1 499 | | 0.043 | | |
| 4 | TP$_3$<br>\|<br>BM$_2$ | 1 434 | 0 725 | 0 709 | | 137.400 | |
| 计算检核 | $\sum$后视 = 5 199，$\sum$前视 = 5 177，$\sum$高差 = 0.022m<br>$\sum$后视 － $\sum$前视 = 0 022 | | | | | | |

# 实验报告　水准仪的使用

（1）水准仪粗平需要调节＿＿＿＿＿＿螺旋;消除视差需要转动＿＿＿＿＿＿。

（2）微倾式水准仪读数前必须＿＿＿＿＿＿,使水准管气泡居中;普通水准尺能读出＿＿＿＿＿＿位数,哪位数是估读的＿＿＿＿＿＿,读数以＿＿＿＿＿＿为单位。

水 准 测 量 手 簿

日期:　　　　　仪器型号:　　　　　观测者:

天气:　　　　组　别:　　　　　记录者:

| 测站 | 测点 | 后视 | 前视 | 高　差(m) | | 高程(m) | 备注 |
|---|---|---|---|---|---|---|---|
| | | | | （＋） | （－） | | |
| | | | | | | | |
| | | | | | | | |
| | | | | | | | |
| | | | | | | | |
| | | | | | | | |
| | | | | | | | |
| | | | | | | | |
| | | | | | | | |
| | | | | | | | |
| | | | | | | | |
| | | | | | | | |
| | | | | | | | |

计算检核　　Σ后视＝　　,Σ前视＝　　,Σ高差＝

Σ后视－Σ前视＝

指导教师＿＿＿＿＿＿日期＿＿＿＿＿＿

# 实验二 水准测量(双仪高法、双面尺法)

## 一、目的与要求

(1)了解 AL25A 型自动安平水准仪的构造,认识仪器的主要性能及各部件名称和功能。

(2)学会从已知高程水准点 $BM_1$ 起,用双仪高法进行往返水准路线测量,测得 $BM_2$ 点的高程。

(3)掌握计算方法,算出水准点 $BM_2$ 高程。

## 二、计划与设备

(1)实验时数为 2 学时;实验小组 4 人,分工为:1 人操作仪器,1 人记录,2 人立水准尺,轮流作业。

(2)实验设备为 AL25A 型自动安平水准仪 1 台,水准尺 1 副,尺垫 2 个,记录板 1 块,铅笔1 支。

## 三、方法与步骤

1. 自动安平水准仪的使用

图 2.2.1 为 AL25A 型自动安平水准仪的外形及各部件名称。

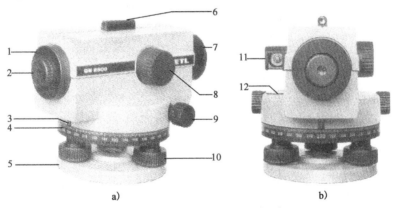

a)        b)

图 2.2.1 AL25A 型自动安平水准仪

1-分划板校正螺丝护罩;2-目镜;3-度盘指示;4-度盘手轮(外度盘);5-基座;6-光学瞄准器;7-物镜;8-物镜调焦螺旋;
9-水平微动螺旋;10-脚螺旋;11-反光镜;12-圆水准器

自动安平水准仪利用圆水准器粗平仪器,仪器中的补偿棱镜在重力的作用下自动调整仪器视线水平(精平),操作较一般水准仪简便,又可防止一般水准仪在操作中忘记精平的失误。其操作步骤如下:

(1)安置仪器。选好测站,安放三脚架,使架头大致水平,高度适中;将水准仪安装在架头上,旋紧架头上的连接螺旋,固定好仪器。

（2）粗平。按"左手拇指规则"旋转仪器脚螺旋，使圆水准器的气泡严格居中，使补偿棱镜在补偿范围内导致视准轴水平。

（3）瞄准。在水平方向轻轻转动仪器（该仪器无制动螺旋），使望远镜上的瞄准器指向水准尺，转动水平微动螺旋在望远镜中瞄准目标；调焦目镜使十字丝清晰，调焦物镜使水准尺分划清晰；检查是否存在视差，如有视差，则再作对光调焦。

（4）读数。在自动安平水准仪的望远镜中看到水准尺的像是正像，读数时从下往上数。读数与一般水准仪相同。

2. 水准测量（双仪高法）

（1）以已知高程的水准点 $BM_1$ 为起点，相距约300m，选定另一水准点 $BM_2$ 作为待测点（两点均由教师指定）其间设置4站，进行连续水准测量的往测。

（2）在起点与第一个立尺点中间（前、后视距离大致相等，用目估或步测，视线长度小于80m为宜）安置水准仪（粗平），立尺点可以选择有凸出点的固定地物或安放尺垫，观测步骤：

①后视立于水准点 $BM_1$ 上的水准尺，瞄准、读数 $a_1$；

②前视立于第一转点 $TP_1$ 上的水准尺，瞄准、读数 $b_1$；

③改变水准仪的仪器高度（0.100m以上），重新安置仪器（粗平）；

④前视立于第一转点 $TP_1$ 上的水准尺，瞄准、读数 $b_1'$；

⑤后视立于水准点 $BM_1$ 上的水准尺，瞄准、读数 $a_1'$。

（3）依次设站进行观测，直至 $BM_2$ 点（见图2.2.2）。

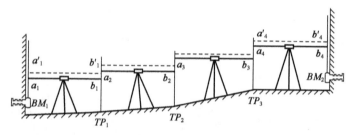

图2.2.2 双仪高法水准测量

（4）观测者的每次读数，记录者应复述并当场记录；后视、前视读毕，应立即计算高差 $h_i = a_i - b_i$，$h_i' = a_i' - b_i'$，并作测站检核 $\Delta h_i = h_i - h_i' \leq \pm 6\text{mm}$，取平均高差 $\bar{h}_i = \frac{1}{2}(h_i + h_i')$；若测站检核超限，此测站重测。往测高差 $h_{往} = \sum \bar{h}_{i往}$。

（5）返测与往测方法相同，由 $BM_2$ 点向 $BM_1$ 点进行返测，返测高差 $h_{返} = \sum \bar{h}_{i返}$。

（6）计算检核、高差闭合差、高差及高程的计算。

①计算检核：$\sum a_i - \sum b_i = \sum h_i$，$\frac{1}{2}\sum(h_i + h_i') = \sum \bar{h}_i$

②高差闭合差（mm）：$f_h = \sum \bar{h}_{i往} + \sum \bar{h}_{i返}$

$f_{h容} = \pm 12\sqrt{n}$，（$n$ 为往、返测站数的平均数），若 $f_h \leq f_{h容}$ 则进行下一步，否则重测。

③高差：$h_{12} = \frac{1}{2}(\sum \bar{h}_{i往} - \sum \bar{h}_{i返})$

④高程：$H_{BM_2} = H_{BM_1} + h_{12}$

⑤数据记录格式见表 2.2.1 水准测量手簿(双仪高法)。

**水准测量手簿**(双仪高法)  表 2.2.1

| 测站编号 | 测点 | 后视读数 (第一次) (第二次) | 前视读数 (第一次) (第二次) | 高差(m) (第一次) (第二次) | 平均高差 (m) | 改正后高差 (m) | 高程 (m) | 备注 |
|---|---|---|---|---|---|---|---|---|
| 1 | BM₁ \| TP₁ | 0 846 / 0 695 | 1 519 / 1 373 | −0.673 / −0.678 | −0.676 | | 137.378 | 往测 |
| 2 | TP₁ \| TP₂ | 1 469 / 1 445 | 1 445 / 1 421 | 0.024 / 0.024 | 0.024 | 0.026 | | 往测 |
| 3 | TP₂ \| TP₃ | 1 545 / 1 395 | 1 550 / 1 405 | −0.005 / −0.010 | −0.008 | | | 往测 |
| 4 | TP₃ \| BM₂ | 1 347 / 1 550 | 0 662 / 0 866 | 0.685 / 0.684 | 0.684 | | 137.404 | |
| 5 | BM₂ \| TP₄ | 0 817 / 0 703 | 1 521 / 1 405 | −0.704 / −0.702 | −0.703 | | 137.404 | |
| 6 | TP₄ \| TP₅ | 1 456 / 1 505 | 1 425 / 1 473 | 0.031 / 0.032 | 0.032 | −0.026 | | 返测 |
| 7 | TP₅ \| TP₆ | 1 527 / 1 471 | 1 468 / 1 416 | 0.059 / 0.055 | 0.057 | | | 返测 |
| 8 | TP₆ \| BM₁ | 1 660 / 1 533 | 1 076 / 0 946 | 0.584 / 0.587 | 0.586 | | 137.378 | |

计算检核:
∑后视 = 20 963, ∑前视 = 20 971, ∑高差 = −0.008, ∑平均高差 = −0.004
∑后视 − ∑前视 = −0 008, 1/2 ∑高差 = −0.004
$\sum \bar{h}_{往}=0.024$m, $\sum \bar{h}_{返}=-0.028$m, $f_h = \sum \bar{h}_{往} + \sum \bar{h}_{返} = -0.004$, $f_{h容} = \pm 12$mm$\sqrt{n} = \pm 24$ (mm)
$h = 1/2(\sum \bar{h}_{往} - \sum \bar{h}_{返}) = 0.026$m

**3.双面尺法**

每个测站观测步骤如下:

(1)瞄准后视黑面尺、读数 $a_黑$;

(2)瞄准前视黑面尺、读数 $b_黑$;

(3)前视尺翻转尺面,瞄准、读数 $b_红$;

(4)后视尺翻转尺面,瞄准、读数 $a_红$。

其他步骤与要求均与双仪高法相同。在计算红面尺高差时,因同一副尺的红面尺零点分别为 4 687、4 787,高差有 100mm 的常数差,因此在与黑面尺高差进行比较或取高差平均值时,红面高差应加或减 100mm(取正、负号时以黑面尺高差为准)。

## 四、注意事项

(1)当用水准仪瞄准、读数时,水准尺必须立直。水准尺如左、右倾斜,观测者在望远镜中根据十字丝可以判断,而水准尺的前后倾斜中读数最小即为竖直。

(2)自动安平水准仪操作不用精平,但要检查补偿器是否有效;每站观测完毕后,必须及时进行计算,检核满足要求后才能迁站。

(3)计算平均高差时,测量数据取平均数时要求单进双不进。

# 实验报告  水 准 测 量

(1)水准测量共有_____项检核,分别为_____检核、_____检核、_____检核。

(2)水准尺立直时读数应 __最大(最小)__;水准仪安置在前、后视距离大致相等的位置可以消除_____误差、消除和减弱_____影响。

**水准测量手簿**(双仪高法)

| 测站编号 | 测点 | 后视读数(第一次)(第二次) | 前视读数(第一次)(第二次) | 高差(m)(第一次)(第二次) | 平均高差(m) | 改正后高差(m) | 高程(m) | 备注 |
|---|---|---|---|---|---|---|---|---|
| | | | | | | | | |
| | | | | | | | | |
| | | | | | | | | |
| | | | | | | | | |
| | | | | | | | | |
| | | | | | | | | |
| | | | | | | | | |
| | | | | | | | | |
| | | | | | | | | |
| | | | | | | | | |

| 计算检核 | $\sum$后视 = ,$\sum$前视 = ,$\sum$高差 = ,$\sum$平均高差 = ,$1/2\sum$高差 = <br> $\sum$后视 $-\sum$前视 = ,$\sum \bar{h}_{往}$ = ,$\sum \bar{h}_{返}$ = <br> $f_h = \sum \bar{h}_{往} + \sum \bar{h}_{返}$ = ,$f_{h容} = \pm 12\sqrt{n}$ = ,$h = 1/2(\sum \bar{h}_{往} - \sum \bar{h}_{返})$ = |
|---|---|

指导教师_____ 日期_____

# 实验三　四等水准测量

## 一、目的与要求

(1)熟练四等水准测量的施测、记录和计算方法。

(2)熟悉四等水准测量的技术要求,掌握测站及水准路线的检核方法。

## 二、计划与设备

(1)实验时数为2学时;实验小组4人,分工为:1人观测,1人记录,2人立尺,轮流作业。

(2)实验设备为DS₃型水准仪或AL25A型自动安平水准仪1台,双面水准尺1付;或数字水准仪LeicaSprinter150M及配套数字编码水准尺一副,尺垫2个,记录板1块,铅笔1支。

## 三、方法与步骤

### 1. 了解四等水准测量的方法

双面尺法四等水准测量是小地区布设高程控制网的常用方法,是在每个测站上只安置一次水准仪,分别在水准尺的黑、红两面刻划上读数,测得两次高差,进行测站检核。以及其他一系列的检核。

### 2. 四等水准测量的施测

从已知高程的水准点出发,选定一条闭合水准路线测量,路线长度根据情况设定,立尺点安放尺垫。

安置水准仪的测站点至前、后视立尺点的距离(用视距测量或数字水准仪显示)应大致相等。在每一测站,按下列顺序进行观测:

(1)瞄准后视水准尺黑面,读上、下丝读数①②;精平,读中丝读数③;

(2)瞄准前视水准尺黑面,读上、下丝读数④⑤;精平,读中丝读数⑥;

(3)前视水准尺红面,精平,读中丝读数⑦;

(4)瞄准后视水准尺红面,精平,读中丝读数⑧。

记录者在"四等水准测量记录"手簿中,按手簿标明的次序①~⑧记录各个读数,四等水准测量观测顺序也可采用:"后、后、前、前"。

### 3. 测站检核及高差计算

手簿中⑨~⑯为计算结果:

(1)后视距离:⑨ = 100 × (① − ②)

(2)前视距离:⑩ = 100 × (④ − ⑤)

(3)前、后视距差:⑪ = ⑨ − ⑩ ≤ ±5m

(4)∑视距差:⑫ = 上站⑫ + 本站⑪ ≤ ±10m。

注:上述结果满足要求后可进行下面计算,否则应调整仪器重新进行上述观测。

(5)前视尺红、黑面较差:⑬ = ⑥ + $K_2$ − ⑦ ≤ ±3mm,($K$ = 4 687 或 4 787)

(6)后视尺红、黑面较差:⑭ = ③ + $K_1$ − ⑧ ≤ ±3mm

(7)黑面尺高差:⑮ = ③ − ⑥

(8)红面尺高差:⑯ = ⑧ − ⑦

(9)红、黑面高差之差:⑰ = ⑮ − ⑯ ± 100 = ⑭ − ⑬ ≤ ±5mm

*上述结果满足要求后,计算高差平均值;否则重新观测。

(10)平均高差:⑱ = $\frac{1}{2}$(⑮ + ⑯)

*$K_1$、$K_2$ 为水准尺红黑面分划零点常数差,通常为 4 687mm 及 4 787mm。计算高差时红面尺高差取加或减 100mm,以黑面高差为主。四等水准测量技术要求见表 2.3.1。

每站读数结束(① ~ ⑧),需进行各项计算(⑨ ~ ⑯),并按上表进行各项检验,满足限差要求后才能搬站。

依次设站,用相同方法进行观测,直至线路终点。

**四等水准测量技术要求**      表 2.3.1

| 视线高度 (m) | 视距长度 (m) | 前后视视距差 (m) | 前后视距累计差 (m) | 红黑面读数差 (mm) | 红黑面高差之差 (mm) |
|---|---|---|---|---|---|
| >0.2 | ≤80 | ≤ ±5 | ≤ ±10 | ≤ ±3 | ≤ ±5 |

4.水准路线计算

(1)路线总长度:$L = \sum ⑨ + \sum ⑩$

(2)高差闭合差:$f_h = \sum h$

$$f_{h容} = ±20\sqrt{L} \text{ mm}$$

式中,$L$ 为单程路线长,单位以 km 计。

(3)高差闭合差满足要求,计算改正数和改正高差,计算高程。

5.数字水准仪四等水准测量

仪器安置后整平,打开电源开关,按菜单键,选择"程序",确认;选"水准路线测量",确认;选择"2.四等水准测量"确认,默认"内存"记录模式,测量模式是"BBFF""后后前前"依次测量每一测站。按 ⟨ΔH⟩ 键结束线路测量,显示闭合差,数据下载。

## 四、注意事项

(1)四等水准测量有更严格的技术规定,要求达到更高的精度,其关键在于:前、后视距要基本相等(在限差以内);从后视转为前视(或相反)望远镜不能重新调焦;视线离地面高度不小于0.2m。水准尺应完全竖直,最好用附有圆水准器的水准尺。

(2)每站观测结束,应立即进行计算和检核,若有超限,应重测。全线路观测完毕,高差闭合差在容许范围内,方可结束实验。

(3)数字水准仪按水准路线测量,高程自动计算,下载数据即可。

# 实验报告　四等水准测量

## 四等水准测量手簿

日期：　　　　　　　仪器型号：　　　　　　　观测者：

天气：　　　　　　　组　　别：　　　　　　　记录者：

| 测点编号 | 后尺 | 下丝 | 前尺 | 下丝 | 方向及尺号 | 水准尺读数 | | K＋黑减红 | 高差中数 | 备注 |
|---|---|---|---|---|---|---|---|---|---|---|
| | | 上丝 | | 上丝 | | | | | | |
| | 后视距 | | 前视距 | | | 黑面 | 红面 | | | |
| | 视距差 d | | ∑d | | | | | | | |
| | ① | | ④ | | 后 | ③ | ⑧ | ⑭ | | |
| | ② | | ⑤ | | 前 | ⑥ | ⑦ | ⑬ | ⑱ | |
| | ⑨ | | ⑩ | | 后—前 | ⑮ | ⑯ | ⑰ | | |
| | ⑪ | | ⑫ | | | | | | | |
| | | | | | 后 | | | | | |
| | | | | | 前 | | | | | |
| | | | | | 后—前 | | | | | |
| | | | | | | | | | | |
| | | | | | 后 | | | | | |
| | | | | | 前 | | | | | |
| | | | | | 后—前 | | | | | |
| | | | | | | | | | | |
| | | | | | 后 | | | | | |
| | | | | | 前 | | | | | |
| | | | | | 后—前 | | | | | |
| | | | | | | | | | | |
| | | | | | 后 | | | | | |
| | | | | | 前 | | | | | |
| | | | | | 后—前 | | | | | |
| | | | | | | | | | | |

计算检核：

∑⑨ ＝　　　　　　，∑③ ＝　　　　　　，∑⑧ ＝

∑⑩ ＝　　　　　　，∑⑥ ＝　　　　　　，∑⑦ ＝

∑⑨ － ∑⑩ ＝　　　　，∑⑮ ＝　　　　　，∑⑯ ＝

∑⑨ ＋ ∑⑩ ＝　　　　，∑⑮ ＋ ∑⑯ ＝　　　，2∑⑱ ＝

指导教师_____ 日期_____

# 实验四　水准仪的检验与校正

## 一、目的与要求

（1）了解水准仪各轴线间应满足的几何条件。

（2）掌握 DS$_3$ 型水准仪的检验与校正方法。

## 二、计划与设备

（1）实验时数为 2 学时；实验小组 4 人，分工为：1 人观测、检校，1 人记录，2 人立尺，轮流作业。

（2）实验设备为 DS$_3$ 型水准仪 1 台（或自动安平水准仪），水准尺 1 副，尺垫 2 个，小螺丝刀 1 把，校正针 1 根，记录板 1 块，铅笔 1 支。

## 三、方法与步骤

1. 了解水准仪的轴线及其应满足的几何条件

图 2.4.1 所示为水准仪的轴线示意，$CC$ 为望远镜视准轴，$LL$ 为水准管轴，$L'L'$ 为圆水准器轴，$VV$ 为竖轴。水准仪必须提供一条水平视线。因此，水准仪的视准轴必须平行于水准管轴（$LL /\!/ CC$），这是水准仪应满足的主要条件。此外，水准仪还应满足以下两个条件：

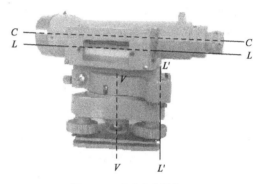

图 2.4.1　水准仪的轴线

①圆水准器轴平行于竖轴（$L'L' /\!/ VV$）；

②十字丝横丝垂直于竖轴。

2. 一般性检验

安置仪器后，检验三脚架稳定性；制动及微动螺旋、微倾螺旋、脚螺旋、调焦螺旋等是否有效；望远镜成像是否清晰。

3. 水准仪的检验校正

（1）圆水准器轴平行于竖轴（$L'L' /\!/ VV$）的检验与校正

检验：旋转脚螺旋，使圆水准器气泡居中，将水准仪旋转 180°，若气泡仍居中，说明 $L'L' /\!/ VV$ 的条件满足。若气泡有了偏移，则条件不满足需要校正。

校正：先稍微松一下圆水准器底部中央的固定螺丝，再拨动圆水准器的校正螺丝，使气泡返回偏移量的一半，然后转动脚螺旋使气泡居中。重复检校，每次校正前必须先整平圆水准器，然后旋转仪器 180°，再观察气泡是否居中，直至水准仪转至任何方向圆水准器气泡均居中为止，最后旋紧固定螺丝。

（2）十字丝横丝垂直于竖轴的检验与校正

检验：整平水准仪，用十字丝横丝一端瞄准某一明显目标 $P$（或水准尺读数），旋转水平微动螺旋,若目标始终在横丝上移动(或读数不变),如图2.4.2a)、b)所示,说明十字丝横丝垂直于仪器竖轴,无须校正。否则,如图2.4.2c)、d)所示的情况,需要校正。

校正:用小螺丝刀旋松十字丝分划板座固定螺丝,微微转动十字丝分划板座,使目标始终与横丝重合,旋紧十字丝分划板座固定螺丝,如图2.4.3所示。

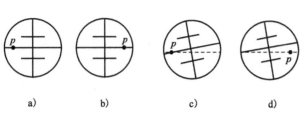

图2.4.2  十字丝的检验

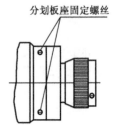

图2.4.3  十字丝的校正

(3)水准管轴平行于视准轴($LL \parallel CC$)的检验与校正

检验:图2.4.4所示为检验水准管轴平行于视准轴示意图。在平坦地面上选定相距60~80m的$A$、$B$两点(打木桩或安放尺垫),立水准尺;将水准仪安置于$AB$的中点,精平仪器后分别读取$A$、$B$点水准尺的读数$a_1$、$b_1$;改变仪器高度(或双面尺法),再重读两尺读数$a'_1$、$b'_1$;两次分别计算高差,高差之差在3mm以内,则取其平均值,作为$A$、$B$两点的正确高差,用$h_{AB}$表示:

$$h_{AB} = \frac{1}{2}[(a_1 - b_1) + (a'_1 - b'_1)]$$

将水准仪移至$B$点附近2~3m处,安置仪器,精平后分别读取$A$、$B$点水准尺的读数$a_2$、$b_2$,又测得高差$h_2 = a_2 - b_2$,如果$h_2 = h_{AB}$,则说明水准管轴平行于视准轴;否则,应计算出$A$点水准尺的正确读数$a'_2 = h_{AB} + b_2$,其误差$\Delta h = a_2 - a'_2$,计算视准轴与水准管轴的交角(视线的倾角)$i$:

$$i = \frac{\Delta h}{D_{AB}} \cdot \rho$$

式中,$\rho = 206\ 265''$;$D_{AB}$为$AB$两点间距离。

当$i > 20''$时,需校正。

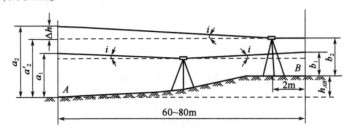

图2.4.4  检验水准管轴平行于视准轴

【校正方法一】  校正水准管:旋转微倾螺旋,使十字丝的横丝对准$A$尺上的读数$a'_2$,视准轴已水平,这时水准管气泡不居中,产生了偏移,用校正针拨动水准管上、下两个校正螺丝(一松一紧),使水准管气泡恢复居中(水准管轴水平),旋紧校正螺丝,如图2.4.5所示。重复上述步骤直至$i < 20''$为止。

【校正方法二】  校正十字丝:旋下十字丝分划板护罩,用校正针拨动十字丝环上、下两个校正螺丝,移动十字丝分划板,使横丝对准 $A$ 尺上的正确读数 $a_2'$。校正时要保持水准管气泡居中。

　　水准管观察放大镜

　　上校正螺丝
　　下校正螺丝

水准管

图2.4.5　水准管轴平行于视准轴校正

　　(4)自动安平水准仪的检验校正

　　圆水准器轴平行于竖轴及十字丝横丝垂直于竖轴的检验和校正与一般水准仪相同。当圆水准器气泡居中时,视线水平的检验与一般水准仪的水准管轴平行于视准轴的检验相同,校正只能校正十字丝。

　　自动安平水准仪还应增加一项补偿器棱镜功能是否正常的检验。方法为:瞄准水准尺并读数,用手轻击三脚架架腿,可看到十字丝产生振动,(或稍稍转动任一脚螺旋,圆水准器气泡仍然保持在居中位置),若十字丝的横丝仍瞄准原来的读数,则说明补偿器棱镜的功能正常。

## 四、注意事项

　　(1)必须按实验步骤规定的顺序进行检验校正,不能任意颠倒。

　　(2)转动校正螺丝时应先松后紧,松紧适度;校正完毕,校正螺丝应处于稍紧状态。

　　(3)校正针直径应与校正螺丝孔径相匹配,否则,会损坏校正螺丝孔。

# 实验报告　水准仪的检验与校正

（1）水准仪的检验顺序是否可以颠倒_____。

（2）水准仪上圆水准器居中的作用是使竖轴_____，水准管气泡居中的作用是保证视准轴_____。

**水准仪检验与校正记录**

| 日期： | 仪器型号： | 检验者： |
|---|---|---|
| 天气： | 组　别： | 记录者： |

| 检验项目 | 检验内容 | 检验过程及结果 | 备注 |
|---|---|---|---|
| 一般性检验 | 三角架是否牢固 | | |
| | 制动螺旋是否有效 | | |
| | 微动螺旋是否有效 | | |
| | 微倾螺旋是否有效 | | |
| | 对光螺旋是否有效 | | |
| | 脚螺旋是否有效 | | |
| | 望远镜成像是否清晰 | | |
| 轴线几何条件的检验与校正 | 圆水准器轴平行于竖轴的检验与校正 | | |
| | 十字丝横丝垂直于竖轴的检验与校正 | | |
| | 视准轴平行于水准管轴的检验与校正 | 仪器在中点测得 $A$、$B$ 两点间的正确高差　$a_1=$ ，$a_1'=$ ；$b_1=$ ，$b_1'=$ ；$h_1=$ ，$h_1'=$ ；$h_{AB}=(h_1+h_1')/2=$ | |
| | | 仪器在 $B$ 点附近进行检验　$b_2=$ ；$a_2=$ ；$a_2'=b_2+h_{AB}=$ ；$D_{AB}=$ ；$\Delta h=a'_2-a_2=$ ；$i''=\Delta h \cdot \rho''/D_{AB}=$ | |

指导教师_____日期_____

# 实验五 光学经纬仪(TDJ6E)的使用

## 一、目的与要求

(1)了解 TDJ6E 型光学经纬仪的基本构造及主要部件的名称和作用。

(2)掌握经纬仪的基本操作方法——对中、整平、瞄准、读数。

(3)练习水平角测量方法。

## 二、计划与设备

(1)实验时数为 2 学时;实验小组 2 人,轮流操作仪器、读数和记录。

(2)实验设备为 TDJ6E 型光学经纬仪 1 台,记录板 1 块,铅笔 1 支。

## 三、方法与步骤

1. 认识 TDJ6E 型光学经纬仪的构造和各部件名称

图 2.5.1 所示为 TDJ6E 型光学经纬仪的外形及各部件名称。

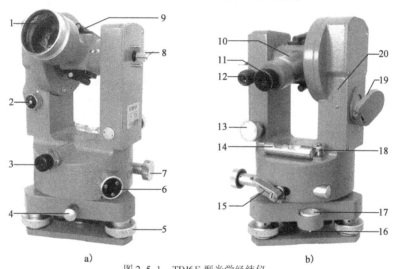

图 2.5.1 TDJ6E 型光学经纬仪

1-望远镜物镜;2-补偿器锁紧轮;3-光学对中器目镜;4-基座锁紧轮;5-脚螺旋;6-水平度盘变换手轮;7-水平微动螺旋;8-望远镜制动螺旋;9-瞄准器;10-望远镜物镜调焦螺旋;11-望远镜目镜;12-读数显微镜;13-望远镜微动螺旋;14-照准部水准管;15-水平制动螺旋;16-圆水准器校正螺丝;17-基座圆水准器;18-水准管校正螺丝;19-反光镜;20-指标差调整盖板

2. 经纬仪的使用

在指定的地面点上,安置经纬仪当作测站点,观测指定的目标。

(1)对中

经纬仪的对中是把仪器的旋转中心安置在通过测站点的铅垂线上。有用垂球对中和光学对中器对中两种方法。本实验先练习垂球对中。

①垂球对中:旋松三脚架腿上的三个伸缩固定螺旋,升高三脚架(一般与肩同高),再旋紧三个伸缩固定螺旋;张开三脚架,挂上垂球,平移三脚架,使垂球尖大致对准测站点并保持三脚架架头大致水平。从仪器箱中取出经纬仪,双手放到三脚架架头上,一手握住仪器支架,一手旋上连接螺旋(稍松),在架头上平移仪器,使垂球尖准确地对准测站点标志中心,误差在 3mm 以内,旋紧连接螺旋。

②光学对中:光学对中器的视线铅垂有赖于仪器的整平,因此,对中和整平是同时进行的。三脚架放在测站点位的上方,用光学对中器的目镜调焦,使分划板清晰,再拉伸对中器镜管,使能同时看清地面上测站点和目镜中的分划板为宜;踩紧操作者对面的三脚架腿,目视对中器目镜,用双手将其他两只脚架腿略微提起移动,使镜中分划板中心对准测站点,将两脚架腿轻轻放下并踩紧,镜中分划板十字丝中心与地面点若略有偏离,则可旋转脚螺旋使其重新对准;然后伸缩三脚架的架腿(注意架腿不要离地),使基座上的圆水准器气泡居中,这就初步完成了仪器的对中与粗平;整平水准管气泡,再观察对中器目镜,若分划板十字丝中心与测站点又有偏离,则可略旋松连接螺旋,平移基座使其精确对中,误差在 1mm 之内,旋紧连接螺旋。(仪器使用熟练以后再练习光学对中)

(2)整平

按"左手拇指规则"转动脚螺旋,使圆水准器气泡居中(方法与水准仪相同)。转动照准部,使水准管与一对脚螺旋平行,如图 2.5.2a)所示,按图示方向(左手拇指规则)转动两个脚螺旋,使气泡居中;将照准部旋转 90°,如图 2.5.2b)所示,仍按"左手拇指规则"旋转第三个脚螺旋,使气泡居中。以上步骤重复进行,使照准部旋转到任何位置水准管气泡的偏离不超过1 格。

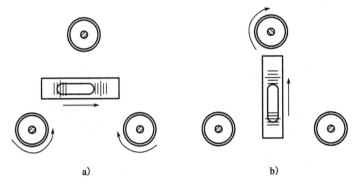

图 2.5.2 水准管气泡的居中
a)两个脚螺旋转动方向;b)第三个脚螺旋转动方向

(3)瞄准

①松开照准部上的水平制动螺旋和望远镜制动螺旋,旋转照准部,用望远镜上的瞄准器对准目标,使其位于望远镜的视场内,旋紧望远镜制动螺旋和水平制动螺旋。

②目镜调焦,使十字丝清晰。

③物镜调焦,使目标像清晰。

④消除视差(与水准仪操作相同)。

⑤旋转望远镜微动螺旋,尽量对准目标底部。

⑥旋转水平微动螺旋,使目标像被十字丝的单根纵丝平分或双根纵丝夹准。

（4）读数

打开反光镜，调整反光镜的位置，使读数窗亮度适当；旋转读数显微镜的目镜调焦螺旋，使度盘与分微尺的影像清晰。

TDJ6E 型光学经纬仪采用分微尺读数，先读出在分微尺 0′~60′ 刻划范围内的度盘分划线注记读数，再加上分微尺零分划线至度盘分划线间的读数（估读至分微尺最小分划的 0.1 格，即 0′.1 = 06″）。图 2.5.3 分微尺度盘读数，有两个读数窗口，标明 H 的为水平度盘读数（126°05′.7 = 126°05′42″）；标明 V 的为竖直度盘读数（86°33′.6 = 86°33′36″）。

（5）水平度盘归零

瞄准目标后，按下水平度盘变换手轮卡簧并将变换手轮按入；转动变换手轮，从读数显微镜中观察水平度盘读数的变化，并试对准某一整数度数，如 0°00′00″（或稍大于 0°00′00″）、90°00′00″ 的位置等（或要求起始方位为设定读数）；按下卡簧将变换手轮弹出，注意动作要轻否则很难归零。

3. 练习测回法观测水平角

设测站点为 $N$，左方向目标为 $A$，右方向目标为 $B$，测定水平角 $\beta$（见图 2.5.4）。步骤如下：

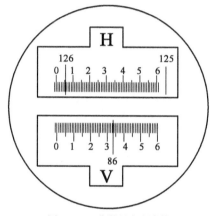

图 2.5.3　分微尺度盘读数

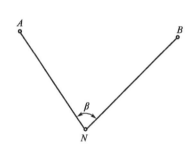

图 2.5.4　左、右方向和水平角

（1）盘左（竖直度盘位于望远镜左边）

瞄准左方向目标 $A$，读取水平度盘读数 $a_L$，记录读数；顺时针旋转照准部瞄准右方向目标 $B$，读取水平度盘读数 $b_L$，记录读数。

盘左半测回水平角：
$$\beta_L = b_L - a_L$$

（2）盘右（竖直度盘位于望远镜右边）

瞄准右方向目标 $B$，读取水平度盘读数 $b_R$，记录读数；逆时针旋转照准部瞄准左方向目标 $A$，得水平度盘读数 $a_R$，记录读数。

盘右半测回水平角：
$$\beta_R = b_R - a_R$$

检核：当 $\Delta\beta = \beta_L - \beta_R \leqslant \pm 40''$ 满足要求。

（3）计算一个测回水平角

一个测回水平角：
$$\beta = \frac{1}{2}(\beta_L + \beta_R)$$

（4）观测记录格式见表 2.5.1。

**水平角观测手簿** 表 2.5.1

| 测站 | 竖盘位置 | 目标 | 水平度盘读数<br>（°　′　″） | 水平角 | | 备　注 |
| | | | | 半测回角值<br>（°　′　″） | 一测回角值<br>（°　′　″） | |
|---|---|---|---|---|---|---|
| 1 | 左 | A | 163　15　12 | 29　17　24 | 29　17　21 | $\Delta\beta = 6'' \leq \pm 40''$<br>满足要求 |
| | | B | 192　32　36 | | | |
| | 右 | A | 343　14　48 | 29　17　18 | | |
| | | B | 12　32　06 | | | |

## 四、注意事项

（1）经纬仪对中时，应使三脚架架头大致水平，否则会导致仪器整平困难。

（2）经纬仪整平时，应检查照准部旋转至任意方位水准管气泡皆居中。

（3）用望远镜瞄准目标时，必须消除视差。

（4）用分微尺进行读数时，必须估读至 0′.1 并化为 06″，估读要准确；注意水平度盘变换手轮是否弹出。

（5）水平角计算时无论是盘左还是盘右，均是右方向读数减左方向读数，若结果出现负值时，再加 360°计算。

# 实验报告 光学经纬仪的使用

（1）照准部水准管整平：转动两个脚螺旋使水准管气泡在两个脚螺旋方向居中，然后转动照准部_____，再使水准管气泡居中，重复操作。制动螺旋没固定微动螺旋是否起作用_____。

（2）为了更准确地瞄准目标，瞄准时十字丝单丝_____或双丝_____目标；秒位估读至_____。

**水平角观测手簿**

日期： 仪器型号： 观测者：
天气： 组　别： 记录者：

| 测站 | 竖盘位置 | 目标 | 水平度盘读数（°　′　″） | 水平角 | | 备注 |
|---|---|---|---|---|---|---|
| | | | | 半测回角值（°　′　″） | 一测回角值（°　′　″） | |
| | | | | | | |
| | | | | | | |
| | | | | | | |
| | | | | | | |
| | | | | | | |
| | | | | | | |
| | | | | | | |
| | | | | | | |
| | | | | | | |
| | | | | | | |
| | | | | | | |
| | | | | | | |
| | | | | | | |
| | | | | | | |
| | | | | | | |
| | | | | | | |
| | | | | | | |
| | | | | | | |
| | | | | | | |
| | | | | | | |
| | | | | | | |
| | | | | | | |
| | | | | | | |
| | | | | | | |

指导教师_____ 日期_____

# 实验六　水平角与竖直角观测（测回法）

## 一、目的与要求

（1）掌握用测回法多测回观测同一水平角的操作、记录和计算方法。
（2）掌握竖直角的观测、记录、计算和竖盘指标差的计算方法。

## 二、计划与设备

（1）实验时数为 2 学时。实验小组 2 人，轮流观测、记录和计算。
（2）实验设备为 TDJ6E 型光学经纬仪 1 台，记录板 1 块，铅笔 1 支。

## 三、方法与步骤

1. 测回法多测回观测同一水平角

测回法是测定某一水平角最常用的方法。多测回观测同一水平角是增加测角精度，按 $180°/n$ 变换度盘位置（$n$ 是测回数），将经纬仪安置在测站点 $N$ 上，对中（误差小于 1mm）、整平（水准管气泡偏离不超过 1 格）、用竖丝瞄准目标；左方向目标为 $A$，右方向目标为 $B$。多测回测定水平角 $\beta$ 的步骤如下（见图 2.6.1）。

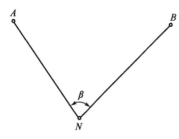

图 2.6.1　左、右方向和水平角

（1）盘左又称正镜（竖直度盘位于望远镜左边）。瞄准目标 $A$，按下卡簧将水平度盘变换手轮按入，转动变换手轮使得水平度盘读数在 0°00′ 或 90°00′（第二测回）稍大的读数处弹出手轮，记录读数 $a_L$；顺时针旋转照准部瞄准右目标 $B$，得水平度盘读数 $b_L$，记录读数。计算盘左半测回（又称上半测回）水平角 $\beta_L = b_L - a_L$，记入手簿中。

（2）盘右又称倒镜（竖直度盘位于望远镜右边）。瞄准目标 $B$，读取水平度盘读数 $b_R$，记录读数；逆时针旋转照准部瞄准左目标 $A$，读取水平度盘读数 $a_R$，记录读数。

计算盘右半测回（又称下半测回）水平角 $\beta_R = b_R - a_R$，记入手簿中。

检核：$\Delta\beta = \beta_L - \beta_R \leqslant \pm 40''$（满足要求）。

（3）计算一个测回水平角。

一个测回水平角：
$$\beta = \frac{1}{2}(\beta_L + \beta_R)$$

（4）计算各测回水平角平均值。

各测回水平角互差检核：$\Delta\beta = \beta_1 - \beta_2 \leqslant \pm 24''$（满足要求）

各测回水平角取平均值：
$$\bar{\beta} = \frac{\sum \beta_i}{n}（n 是测回数）$$

（5）观测记录格式见表 2.6.1。

**水平角观测手簿**（测回法）                                     表 2.6.1

| 测站 | 测回 | 竖盘位置 | 目标 | 水平度盘读数（° ′ ″） | 水平角 半测回角值（° ′ ″） | 水平角 一测回角值（° ′ ″） | 水平角 各测回平均角值（° ′ ″） | 备注 |
|------|------|----------|------|------------------------|--------------------------|--------------------------|------------------------------|------|
| 1 | 1 | 左 | A | 0 00 06 | 29 17 06 | 29 17 09 | 29 17 03 | |
| | | 左 | B | 29 17 12 | | | | |
| | | 右 | A | 180 00 24 | 29 17 12 | | | |
| | | 右 | B | 209 17 36 | | | | |
| | 2 | 左 | A | 90 00 00 | 29 16 54 | 29 16 57 | | |
| | | 左 | B | 119 16 54 | | | | |
| | | 右 | A | 269 59 48 | 29 17 00 | | | |
| | | 右 | B | 299 16 48 | | | | |

**2. 竖直角观测**

观测前，量取仪器高。打开竖直度盘自动归零补偿器锁紧轮，使其处于 ON 状态（使竖直度盘指标指为正确位置）。观测步骤：

（1）盘左（竖直度盘位于望远镜左边）。瞄准高处（或低处）目标 $P$（使十字丝横丝与目标相切）。读竖盘读数 $L$，计算盘左竖直角

$$\alpha_L = 90° - L$$

（2）盘右（竖直度盘位于望远镜右边）。瞄准同一目标 $P$，读竖盘读数 $R$，计算盘右竖直角

$$\alpha_R = R - 270°$$

（3）计算竖直角：

$$\alpha = \frac{1}{2}(\alpha_L + \alpha_R)$$

（4）计算竖盘指标差：

$$x = \frac{1}{2}(R + L - 360°)$$

简化计算指标差公式为：

$$x = \frac{1}{2}(\alpha_R - \alpha_L)\text{（适用于顺时针注记竖盘）}$$

对于使用同一台仪器观测不同目标竖直角时，计算指标差 $x \le \pm 1'$，若不满足要求需要校正；检核指标差互差 $\Delta x = x_1 - x_2 \le \pm 25''$ 满足要求（同一台仪器指标差理论上应相同）。

观测结束后，关闭竖直度盘自动归零补偿器锁紧轮，使其处于 OFF 状态。

（5）观测记录格式见表 2.6.2。

竖直角观测手簿

表 2.6.2

| 测站 | 目标 | 竖盘位置 | 竖直度盘读数<br>(° ′ ″) | 竖直角 | | 指标差<br>(′ ″) | 备注 |
|------|------|----------|------------------------|--------|--------|-----------------|------|
| | | | | 半测回角值<br>(° ′ ″) | 一测回角值<br>(° ′ ″) | | |
| 1 | A | 左 | 73 57 48 | 16 02 12 | 16 02 21 | 0 09 | |
| | | 右 | 286 02 30 | 16 02 30 | | | |
| | B | 左 | 78 50 54 | 11 09 06 | 11 09 09 | 0 03 | |
| | | 右 | 281 09 12 | 11 09 12 | | | |

### 四、注意事项

（1）同一小组 2 人应观测同一水平角，每人独立完成一个测回，第一个人起始方位设置为 0°或稍大一点；第二个人观测时，水平度盘起始方向的读数变动为 90°左右。多测回观测同一水平角时，按 $180°/n$ 变换度盘位置（$n$ 为测回数）。

（2）观测竖直角瞄准时，用十字丝横丝与目标相切；每人分别选择两个不同的目标；计算竖直角和指标差时，应注意正、负号。

（3）竖直角是观测一个方向读数后计算出的角值，应量测仪器高并记入备注栏内。

（4）观测过程中，若发现水准管气泡偏离超过 1 格时，应重新整平仪器，并重测该测回。实验结束后，一定要关闭竖直度盘自动归零补偿器锁紧轮，否则仪器容易损坏。

（5）每人独立观测一个测回的水平角，观测两个目标的竖直角。

# 实验报告 水平角观测与竖直角观测

## 一、水平角观测(测回法)

(1)设置水平度盘读数为零:则先将照准部转到_____方向,用望远镜_____丝夹准目标,按下卡簧转动_____使水平度盘读数为零。

(2)光学经纬仪观测水平角,无论是盘左读数还是盘右读数,是否都是由右方向读数减去左方向读数计算得出的_____,有没有用左方向读数减去右方向读数计算的_____。

**水平角观测手簿**(测回法)

日期:　　　　　　仪器型号:　　　　　　观测者:
天气:　　　　　　组　别:　　　　　　记录者:

| 测站 | 测回 | 竖盘位置 | 目标 | 水平度盘读数<br>(° ′ ″) | 水 平 角 | | | 备注 |
|---|---|---|---|---|---|---|---|---|
| | | | | | 半测回角值<br>(° ′ ″) | 一测回角值<br>(° ′ ″) | 各测回平均角值 | |
| | | | | | | | | |
| | | | | | | | | |
| | | | | | | | | |
| | | | | | | | | |
| | | | | | | | | |
| | | | | | | | | |
| | | | | | | | | |
| | | | | | | | | |

指导教师_____日期_____

## 二、竖直角观测

（1）竖直角观测的目标是一个方向还是两个方向_____，可否用两个目标的方向观测值相减得出_____。

（2）用同一台仪器观测不同的目标分别计算出的指标差理论上是否相同_____，判断竖直角是否正确 $\Delta x \leq \pm$ _____。

**竖直角观测手簿**

日期：　　　　　　　　仪器型号：　　　　　　　观测者：
天气：　　　　　　　　组　　别：　　　　　　　记录者：

| 测站 | 目标 | 竖盘位置 | 竖直度盘读数（° ′ ″） | 竖直角 | | 指标差（′ ″） | 备注 |
|---|---|---|---|---|---|---|---|
| | | | | 半测回角值（° ′ ″） | 一测回角值（° ′ ″） | | |
| | | | | | | | |
| | | | | | | | |
| | | | | | | | |
| | | | | | | | |
| | | | | | | | |
| | | | | | | | |
| | | | | | | | |
| | | | | | | | |
| | | | | | | | |
| | | | | | | | |
| | | | | | | | |
| | | | | | | | |
| | | | | | | | |
| | | | | | | | |
| | | | | | | | |
| | | | | | | | |
| | | | | | | | |
| | | | | | | | |
| | | | | | | | |
| | | | | | | | |
| | | | | | | | |
| | | | | | | | |
| | | | | | | | |
| | | | | | | | |

指导教师_____日期_____

# 实验七 光学经纬仪(TDJ2E)的使用

## 一、目的与要求

(1)了解 TDJ2E 型光学经纬仪的基本构造及主要部件的名称和作用。
(2)掌握 TDJ2E 型光学经纬仪的操作方法和度盘读数方法。

## 二、计划与设备

(1)实验时数为 2 学时;实验小组 2 人,轮流操作仪器、读数和记录。
(2)实验设备为 TDJ2E 型光学经纬仪 1 台,记录板 1 块,铅笔 1 支。

## 三、方法与步骤

1. 认识 TDJ2E 型光学经纬仪的构造和各部件名称

图 2.7.1 所示为 TDJ2E 型光学经纬仪的外形及各部件名称。

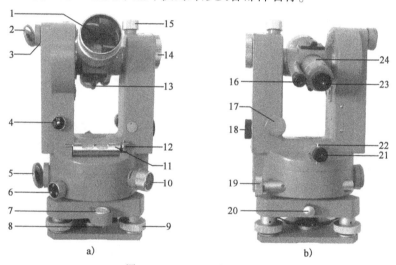

图 2.7.1 TDJ2E 型光学经纬仪

1-望远镜物镜;2-竖盘反光镜;3-指标差调整盖板;4-补偿器锁紧轮;5-水平度盘反光镜;6-水平制动螺旋;7-圆水准器;8-圆水准器校正螺钉;9-脚螺旋;10-水平度盘变换手轮;11-照准部水准管;12-水准管校正调整螺钉;13-瞄准器;14-测微器手轮;15-望远镜制动螺旋;16-读数显微镜;17-望远镜微动螺旋;18-换像手轮;19-水平微动螺旋;20-基座锁紧轮;21-光学对中器目镜;22-对中器校正螺钉;23-望远镜目镜;24-望远镜物镜调焦螺旋

2. TDJ2E 型光学经纬仪的安置

TDJ2E 型光学经纬仪一般要用光学对中器对测站点进行对中。

(1)光学对中。光学对中器的视线铅垂有赖于仪器的整平,因此,对中和整平是同时进行的。三脚架置于测站点位的上方,用光学对中器的目镜调焦,使分划板清晰,再拉伸对中器镜管,至能同时看清测站点和目镜中的分划板。

（2）踩紧操作者对面的三脚架腿，目视对中器目镜，用双手将其他两只脚架腿略微提起移动，使镜中分划板中心对准测站点，将两脚架腿轻轻放下并踩紧，镜中分划板十字丝中心与测站点若略有偏离，则可旋转脚螺旋使其重新对准；然后伸缩三脚架的架腿（注意架腿不要离地），使基座上的圆水准气泡居中，这样初步完成了仪器的对中与粗平。

（3）整平水准管气泡，再观察对中器目镜，若分划板十字丝中心与测站点又有偏离，则可略旋松连接螺旋，平移基座使其精确对中，误差在 1mm 之内，旋紧连接螺旋。

3. TDJ2E 型光学经纬仪的瞄准

TDJ2E 型光学经纬仪的瞄准方法与 TDJ6E 型光学经纬仪相同，瞄准前要消除视差。

（1）目镜调焦，使十字丝清晰，可将望远镜对向天空使背景明亮，增加与十字丝的反差，以便于判断十字丝清晰的程度。

（2）物镜调焦，瞄准目标，使目标的成像十分清晰，再旋转望远镜和水平微动螺旋使十字丝对准目标，并判断其相对于十字丝的对称性。（单丝平分或双丝夹准目标）

4. TDJ2E 型光学经纬仪的读数

TDJ2E 型光学经纬仪的读数特点：一是利用双平板玻璃测微器，将度盘对径（度盘直径的两端）分划影像折射到同一视场中，成上、下两排，转动测微器可使上、下分划线影像相向移动而对齐，读取度盘读数，再加测微器读数；二是水平度盘和竖直度盘利用换像手轮使其分别在视场中出现。具体的读数方法如下：

（1）转动换像手轮，若轮上线条水平，则读数目镜中出现水平度盘影像（若轮上线条竖直则为竖直度盘影像），调节水平度盘（或竖直度盘）反光镜，使读数显微镜亮度适当。

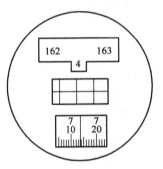

图 2.7.2　TDJ2E 型光学经纬仪读数窗口

（2）调节读数目镜调焦环，使度盘和测微器的分划像清晰。

（3）转动测微器手轮，使度盘对径（视场中为上、下）分划影像相对移动，直至上下分划线精确重合。

（4）读度盘读数和测微器读数，相加得完整读数（竖直度盘读数时，必须打开竖直度盘自动归零补偿器开关，使指标指向正确位置或使竖直度盘指标水准管气泡居中）。

图 2.7.2 为 TDJ2E 型光学经纬仪读数窗口，上部为度盘窗口，读数为 162°40′，带有分划值和刻度值的部分为测微器窗口，读数为 7′13″.8，两者相加的完整读数为162°47′13″.8。

## 四、注意事项

（1）每人必须独立进行 TDJ2E 型光学经纬仪的光学对中、整平、瞄准、读数一系列完整的操作。读数包括水平度盘和竖直度盘的读数。

（2）竖直度盘读数前，应检查一下竖直度盘自动归零补偿器是否正常，目视读数镜，打开补偿器，此时竖直度盘刻划线略有摆动，然后停在摆动的中间位置，则补偿器工作正常。

# 实验八 水平角观测(方向观测法)

## 一、目的与要求

掌握用 TDJ6E 型光学经纬仪方向观测法观测水平角的操作、记录、计算和各项限差的检核。

## 二、计划与设备

1. 实验时数为 2 学时;实验小组 2 人,轮流操作仪器、读数和记录。
2. 实验设备为 TDJ6E 型光学经纬仪 1 台,记录板 1 块,铅笔 1 支。

## 三、方法与步骤

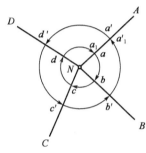

图 2.8.1 方向观测法

### 1. 观测要求

方向观测法为观测 3 个或 3 个以上方向之间的水平角,观测方法如图 2.8.1 所示。设测站为 $N$,需要观测 $A$、$B$、$C$、$D$ 4 个目标的水平方向值。

### 2. 观测步骤

(1)经纬仪安置于测站 $N$,经过对中、整平,盘左位置初步瞄准第一个目标 $A$,目镜调焦、物镜调焦、消除视差、旋紧水平制动螺旋,转动水平度盘变换手轮,使水平度盘读数配置在 $0°00'$ 或稍大于 $0°00'$ 读数处。

(2)用水平微动螺旋准确地瞄准第一目标 $A$,读取水平度盘读数 $a$。

(3)顺时针转动照准部,依次瞄准 $B$、$C$、$D$ 目标,读取相应的水平度盘读数 $b$、$c$、$d$。

(4)再顺时针旋转照准部瞄准第一目标 $A$,读取水平度盘读数为 $a_1$,($a - a_1$)称为盘左半测回归零差。

(5)倒转望远镜,盘右位置,瞄准第一目标 $A$,读取水平度盘读数为 $a'$。

(6)逆时针旋转照准部依次瞄准 $D$、$C$、$B$ 目标,读取相应的水平度盘读数分别为 $d'$、$c'$、$b'$。

(7)再逆时针旋转照准部瞄准第一目标 $A$,读取水平度盘读数为 $a'_1$,盘右的半测回归零差为($a' - a'_1$)。

以上观测称为第一测回。如果进行第二测回、第三测回观测,则操作的方法和以上步骤相同,仅是瞄准第一目标后应变换水平度盘读数:观测二个测回,则第二测回变换读数为 $90°$ 左右;观测三个测回,则第二、第三测回分别变换读数为 $60°$、$120°$ 附近。

### 3. 检核计算

(1)半测回归零差不大于 $±18''$,若在容许范围内(其限差值见表 2.8.1),则取其平均值。

(2)对于同一目标,$2c =$ 盘左读数 $-$(盘右读数 $±180°$),$2c$ 应是常数,规范规定 $2c$ 的互差在容许范围内(其限差值见表 2.8.1)。

方向观测法观测的限差 　　　　　表2.8.1

| 仪 器 型 号 | 半测回归零差(″) | 一测回内2c互差(″) | 同一方向各测回互差(″) |
|---|---|---|---|
| TDJ2E | 12 | 18 | 12 |
| TDJ6E | 18 | — | 24 |

（3）计算各目标的方向平均值。度数取盘左读数；分、秒取盘左、盘右读数的平均值：

$$方向平均值 = \frac{1}{2}\big[盘左读数 + (盘右读数 \pm 180°)\big]$$

（4）计算各目标的归零后方向值。将各目标的方向平均值减去第一目标的方向平均值的平均值：

$$a_0 = \frac{1}{2}\left(\frac{a + a_1}{2} + \frac{a' + a_1'}{2}\right)$$

起始方向归零后的值为零。

（5）计算各测回归零后方向值的平均值。观测完规定的测回数后，应检查每一个目标的归零后方向值之差在限差允许范围内见表2.8.1，最后取各测回归零后方向值的平均值，作为观测成果。方向观测法观测的限差列于表2.8.1中，若超限应重测。

（6）计算各目标间水平角值。将相邻两归零后方向值的平均值相减，得到水平角值。

（7）观测记录格式见表2.8.2。

水平角观测手簿（方向观测法） 　　　　　表2.8.2

| 测站 | 测回 | 目标 | 水 平 度 盘 读 数 盘左(L)(° ′ ″) | 盘右(R)(° ′ ″) | 平均值(L+R±180°)/2(° ′ ″) | 2c值 | 水 平 角 归零后方向值(° ′ ″) | 各测回平均方向值(° ′ ″) | 备注 |
|---|---|---|---|---|---|---|---|---|---|
| 1 | 1 | | | | (0　00　09) | | | | |
| | | A | 0　00　12 | 180　00　12 | 0　00　12 | 0 | 0　00　00 | 0　00　00 | |
| | | B | 171　21　54 | 351　21　30 | 171　21　42 | 24 | 171　21　33 | 171　21　33 | |
| | | C | 199　35　48 | 19　35　30 | 199　35　39 | 18 | 199　35　30 | 199　35　42 | |
| | | D | 219　17　12 | 39　16　54 | 219　17　03 | 18 | 219　16　54 | 219　16　56 | |
| | | A | 0　00　06 | 180　00　06 | 0　00　06 | 0 | | | |
| | 2 | | | | (89　59　57) | | | | |
| | | A | 90　00　06 | 269　59　48 | 89　59　57 | 18 | 0　00　00 | | |
| | | B | 261　21　30 | 181　21　30 | 261　21　30 | 0 | 171　21　33 | | |
| | | C | 289　35　48 | 109　35　54 | 289　35　51 | -6 | 199　35　54 | | |
| | | D | 309　17　00 | 129　16　54 | 309　16　54 | 12 | 219　16　57 | | |
| | | A | 90　00　00 | 269　59　54 | 89　59　57 | 6 | | | |

## 四、注意事项

（1）每人应独立地观测一个测回，各测回间应按$180°/n$变换水平度盘读数位置（n为测回数）。

（2）观测三个方向可以不归零。

# 实验报告 水平角观测（方向观测法）

方向观测法三项检核是：＿＿＿＿＿＿、＿＿＿＿＿＿、＿＿＿＿＿＿。

**水平角观测手簿**（方向观测法）

日期：　　　　　　　仪器型号：　　　　　　　观测者：
天气：　　　　　　　组　　别：　　　　　　　记录者：

| 测站 | 测回 | 目标 | 水平度盘读数 | | | 2c 值 | 水平角 | | 备注 |
|---|---|---|---|---|---|---|---|---|---|
| | | | 盘左 (L) (° ′ ″) | 盘右 (R) (° ′ ″) | 平均值 $(L+R\pm180°)/2$ (° ′ ″) | | 归零后 方向值 (° ′ ″) | 各测回平均 方向值 (° ′ ″) | |
| | | | | | | | | | |
| | | | | | | | | | |
| | | | | | | | | | |
| | | | | | | | | | |
| | | | | | | | | | |
| | | | | | | | | | |
| | | | | | | | | | |
| | | | | | | | | | |
| | | | | | | | | | |
| | | | | | | | | | |
| | | | | | | | | | |
| | | | | | | | | | |
| | | | | | | | | | |
| | | | | | | | | | |
| | | | | | | | | | |
| | | | | | | | | | |
| | | | | | | | | | |
| | | | | | | | | | |
| | | | | | | | | | |
| | | | | | | | | | |
| | | | | | | | | | |
| | | | | | | | | | |
| | | | | | | | | | |
| | | | | | | | | | |
| | | | | | | | | | |
| | | | | | | | | | |
| | | | | | | | | | |

指导教师＿＿＿＿＿＿＿＿日期＿＿＿＿＿＿＿

# 实验九　经纬仪的检验与校正

## 一、目的与要求

(1)了解光学经纬仪的主要轴线间应满足的几何条件。
(2)掌握光学经纬仪检验校正的基本方法。

## 二、计划与设备

(1)实验时数为 2 学时;实验小组 2 人。
(2)实验设备为 TDJ6E 型光学经纬仪 1 台,记录板 1 块,校正针 1 支,小螺丝刀 1 把,皮尺 1 把。

## 三、方法与步骤

### 1.经纬仪的轴线及其满足的几何条件

图 2.9.1 所示为经纬仪的主要轴线示意。$VV$ 为竖轴,$LL$ 为照准部水准管轴,$L'L'$ 为圆水准器轴,$HH$ 为横轴,$CC$ 为视准轴。应满足的几何条件是:$LL \perp VV$、$L'L' \mathbin{/\!\!/} VV$、十字丝竖丝垂直于横轴、$CC \perp HH$、$HH \perp VV$。

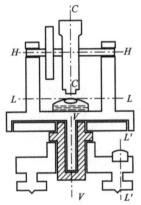

图 2.9.1　经纬仪的主要轴线

### 2.一般性检验

安置仪器后,检查三脚架是否牢固,架腿伸缩是否有效,水平制动、微动螺旋是否有效,望远镜制动、微动螺旋是否有效,照准部转动是否灵活,望远镜转动是否灵活,望远镜成像是否清晰,读数系统成像是否清晰;脚螺旋是否有效。

### 3.经纬仪的检验与校正

(1)照准部水准管轴垂直于竖轴($LL \perp VV$)的检验与校正

检验:安置仪器后,粗整平。转动照准部使水准管平行于任意一对脚螺旋的连线,转动这对脚螺旋使气泡居中;再将照准部旋转180°,如果气泡仍然居中,则说明照准部水准管轴垂直于竖轴。若气泡中心偏离水准管零点并超过一格,则需要校正。

校正:用校正针拨动水准管校正螺丝,使气泡返回偏移量的一半,旋转脚螺旋返回偏移量的另一半;反复检校,直至照准部旋转至任何位置时水准管气泡偏移量都在一格以内,旋紧校正螺丝。

(2)圆水准器轴平行于竖轴($L'L' \mathbin{/\!\!/} VV$)的检验与校正

检验:经过照准部水准管轴垂直于竖轴的检验与校正后,用水准管严格整平仪器,此时,竖轴已经铅垂,安装在基座上的圆水准器气泡应该居中,否则需要进行校正。

校正:用校正针转动圆水准器底部的校正螺钉,使圆水准器气泡居中。

(3)十字丝竖丝垂直于横轴的检验与校正

检验:望远镜大致水平方向,用望远镜中十字丝交点瞄准远处目标 $P$,旋转望远镜微动螺旋,使竖丝上、下移动,如图 2.9.2 所示,若 $P$ 点始终与竖丝重合如图 2.9.2a)所示,则说明竖丝垂直于横轴,无须较正;否则,需要校正[图 2.9.2b)]。

校正:旋下十字丝分划板护罩,用小螺丝刀松开十字丝环固定螺丝(见图 2.9.3),转动十字丝环,至望远镜上、下微动时 $P$ 点始终在竖丝上移动为止,最后旋紧十字丝环固定螺丝,旋上护罩。

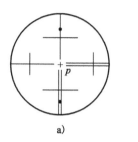

图 2.9.2　十字丝的检验

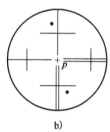

图 2.9.3　十字丝的校正

(4)视准轴垂直于横轴($CC \perp HH$)的检验与校正

**【方法一】**

检验:盘左瞄准远处大致与仪器同高的目标 $A$,读取水平度盘读数 $a_L$,盘右再瞄准 $A$ 点,读取水平度盘读数 $a_R$,若

$$a_R = a_L \pm 180°$$

则说明视准轴垂直于横轴,否则需要校正。

校正:先计算盘右瞄准目标 $A$ 时应有读数,即

$$a'_R = \frac{1}{2}[a_R + (a_L \pm 180°)]$$

转动水平微动螺旋,使水平度盘读数为 $a'_R$,此时十字丝偏离目标,再拨动十字丝左、右一对校正螺丝,一松一紧,左右移动十字丝分划板,使十字丝竖丝瞄准 $A$ 点。如此反复检校,直至盘左、盘右读数加减 $180°$ 后的差数($2c$ 值)小于 $60''$ 为止。最后旋上十字丝环护罩。

＊对于单指标的经纬仪,仅在水平度盘无偏心或偏心差的影响小于估读误差时才见效。

**【方法二】**

检验:对 TDJ6E 型经纬仪的检验,通常用四分之一法,此方法可以消除度盘偏心差的影响。如图 2.9.4 所示,在平坦场地选定与仪器同高相距约 100m 的 $A$、$B$ 两点,安置经纬仪于 $AB$ 连线的中点 $O$,盘左瞄准目标 $A$,固定照准部,纵转望远镜,在视线 $B$ 点处横放毫米分划的小尺,在尺上读数为 $b_1$,盘右再瞄准 $A$,纵转望远镜,在 $B$ 点尺上读数 $b_2$,若 $b_2 = b_1$,则说明视准轴垂直于横轴,否则按下式计算出视准轴误差 $c''$,即

$$c'' = \frac{b_2 - b_1}{4D_{OB}} \cdot \rho''$$

当 $c'' > \pm 60''$ 时需要校正。

校正:先计算视准轴与横轴垂直时盘右在 $B$ 尺上的应有读数,即

$$b_3 = b_2 - \frac{1}{4}(b_2 - b_1) \text{ 或 } b_3 = b_1 + \frac{3}{4}(b_2 - b_1)$$

拨动十字丝左、右一对校正螺丝,使十字丝交点与尺上读数 $b_3$ 重合。这项检校需反复进行,直至满足要求。

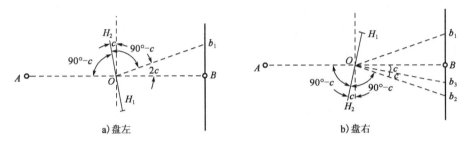

图 2.9.4　视准轴的检验

(5)横轴垂直于竖轴($HH \perp VV$)的检验与校正

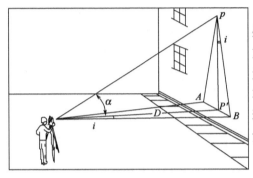

图 2.9.5　横轴的检验

检验:如图 2.9.5 所示,在距墙面约 10～20m 处安置经纬仪,盘左瞄准墙上高处目标 $P$(竖直角大于 30°),固定照准部,读取竖盘读数并计算竖直角 $\alpha$;放平望远镜,在墙面上定出十字丝交点 $A$;盘右再瞄准 $P$ 点,放平望远镜,在墙面上定出 $B$ 点;若 $A$、$B$ 重合,则横轴垂直于竖轴;否则需要校正。量取 $AB$ 间距离 $d_{AB}$,按下式计算横轴误差 $i$,即

$$i'' = \frac{d_{AB} \cdot \cot \alpha}{2D} \cdot \rho''$$

$D$ 为仪器至 $P$ 点的水平距离,用皮尺量取。对于 TDJ6E 型经纬仪,当 $i'' > 20''$ 时需校正。

校正:使十字丝的交点瞄准 $A$、$B$ 的中点 $P'$,固定照准部,将照准部向上仰视 $P$ 点,十字丝交点一定偏离 $P$。取下望远镜右支架盖板,松开横轴偏心环校正螺丝,转动偏心环,使十字丝交点与 $P$ 点重合,再固定校正螺丝并上好盖板。由于横轴校正设备密封在仪器内部,一般只作检查,该项校正应由专业人员进行。

(6)竖盘指标差的检验与校正

检验:安置经纬仪,分别用盘左、盘右瞄准同一明显目标(十字丝横丝与目标相切)。打开竖盘自动归零补偿器,使其处于 ON 状态(或竖盘指标水准管气泡居中),读取竖盘读数 $L$ 和 $R$,计算竖盘指标差:$x = 1/2(L + R - 360°)$。同理再观测另一明显目标,检验 $x$ 值是否正确。如果 $x > \pm 60''$,则需要进行指标差的校正。

校正:对于有竖盘指标自动归零补偿器的经纬仪,仍会有指标差存在。检验计算方法同上,算得经指标差改正的盘左或盘右的读数后,打开校正小窗口的盖板,有两个校正螺丝,等量相反转动(先松后紧)两个螺丝,可以使竖盘读数调整至指标差改正后的读数 $L' = L - x$ 或 $R' = R - x$(竖盘为顺时针注记)。

对于有竖盘指标水准管的经纬仪,盘右瞄准原目标,转动竖盘水准管微动螺旋,将原竖直度盘读数调整到指标差校正后的读数,拨动竖盘水准管校正螺丝,使气泡居中;反复检校,直至指标差小于规定的数值为止。

(7)光学对中器的检验与校正

检验:安置经纬仪于三脚架上,整平仪器,在仪器下方的地面上放置一块画有"十"字标记的纸板。移动纸板,使光学对中器的十字丝分划板中心对准"十"字影像中心。转动照准部180°,若光学对中器十字丝分划板中心偏离了纸板上的"十"字影像中心,则需校正。

校正:目视光学对中器,找出"十"字影像中心与十字丝分划板中心连线的中点 P;调整光学对中器上的校正螺丝,使分划板中心与 P 点重合即可。

经纬仪的每项检校需反复进行并满足条件,但校正后不能完全满足理论上的要求,一般只求达到实际作业所需要的精度,因此必然存在残余误差。在实际作业中采用合理的观测方法,这些残余误差大部分是可以消除的。

## 四、注意事项

(1)仪器的检校工作是一项难度较大的细致工作,经严格检验确认需校正时才可进行校正。

(2)检验与校正的顺序按上述规定进行,先后顺序不能颠倒。

(3)校正时各校正螺丝应先松后紧,松紧适度,校正结束,各螺丝应处于稍紧状态。

(4)校正针的直径应与校正螺丝孔径相匹配。

# 实验报告 经纬仪的检验与校正

（1）检验视准轴误差时,目标要选得与仪器同高是因为_____误差对其有影响。

（2）检校光学对中器时照准部水准管没有居中是否可行_____。

### 经纬仪的检验与校正记录

| 日期: | | 仪器号: | 检验者: |
|---|---|---|---|
| 天气: | | 组 别: | 记录者: |

| 检验项目 | 检验内容 | 检验过程及结果 |
|---|---|---|
| 一般性检验 | 三脚架是否牢固 | |
| | 脚螺旋是否有效 | |
| | 水平及望远镜制动微动螺旋是否有效 | |
| | 照准部转动是否灵活 | |
| | 望远镜转动是否灵活 | |
| | 望远镜成像是否清晰 | |
| | 读数系统成像是否清晰 | |
| 轴线几何条件的检验与校正 | 照准部水准管轴垂直于竖轴的检验与校正 | |
| | 十字丝竖丝垂直于横轴的检验与校正 | |
| | 视准轴垂直于横轴的检验与校正 | （盘左）$b_1 =$ ,$D_{OB} =$<br>（盘右）$b_2 =$ ,$b_3 = b_2 - (b_2 - b_1)/4 =$<br>$\dfrac{b_2 - b_1}{4} =$ ,$c'' = \dfrac{b_2 - b_1}{4 \times D_{OB}} \cdot \rho'' =$ |
| | 横轴垂直于竖轴的检验与校正 | $d_{AB} =$<br>$D =$ ,$i'' = \dfrac{d_{AB} \cdot \cot \alpha}{2D} \cdot \rho'' =$<br>$a =$ |
| | 竖盘指标差的检验与校正 | $L =$ ,$a =$<br>$R =$ ,$x =$ |

指导教师_____日期_____

# 实验十 钢尺量距与罗盘仪定向

## 一、目的与要求

(1)掌握用钢尺进行一般丈量距离的方法。
(2)使用罗盘仪测定直线磁方位角。
(3)测定步长。

## 二、计划与设备

(1)实验时数为 2 学时;实验小组 4 人。
(2)实验设备:30m 钢尺 1 把,罗盘仪 1 台,测钎 1 束,记录板 1 块,标杆 3 根,铁支架 1 个,铅笔 1 支。

## 三、方法与步骤

1. 在指定的 $A$、$B$ 两点间用钢尺丈量距离

(1)在 $B$ 点立标杆,$A$ 点安置罗盘仪,望远镜瞄准 $B$ 点。

(2)往测。后尺手执钢尺零点端对准 $A$ 点,前尺手提尺把、测钎、标杆向 $AB$ 方向前进,行至整尺距离附近时立标杆听候观测员进行定线,当标杆在视线方向上即在地面上定出其位置;前、后尺手拉紧钢尺,由前尺手喊"预备",后尺手对准零点后喊"好",前尺手在整尺处插入测钎,完成一尺段的丈量,然后前、后尺手抬尺等速依次向前丈量各整尺;每当丈量完一个整尺段时,后尺手将测钎带走,用测钎数来计算整尺段数,到最后一段不足一尺段时为余长,后尺手对准零点后,前尺手对准 $B$ 点读出余长 $q$(读至 mm);记录者在"距离丈量"手簿中记下整尺段数及余长。则往测全长:

$$L_{往} = nl + q$$

式中,$n$ 为丈量整尺段数,$l$ 为整尺长。

(3)返测。由 $B$ 点向 $A$ 点用相同方法丈量,第一尺段起点读取 $H$(非零点)后再开始量距,返测全长:

$$L_{返} = nl + q - H$$

(4)根据往测和返测的总长计算相对误差 $K$(要求 $K \leqslant 1/3\,000$),最后取往返总长的平均数为 $\overline{L}_{AB}$,则:

$$K = \frac{L_{往} - L_{返}}{\overline{L}_{AB}} \leqslant \frac{1}{3\,000}$$

$$\overline{L}_{AB} = \frac{1}{2}(L_{往} + L_{返})$$

2. 罗盘仪测定直线的磁方位角

图 2.10.1 罗盘仪的外形及各部件名称。

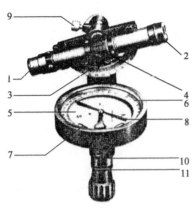

图 2.10.1　罗盘仪
1-目镜;2-物镜;3-垂直度盘;4-调焦轮;5-方向盘;6-水平度盘;7-水准器;8-磁针;9-望远镜制动螺旋;10-磁针固定螺旋;11-基座

（1）在 A 点安置罗盘仪后,瞄准 B 点,松开磁针固定螺旋,当磁针稳定后,读出磁针北端（缠铜线为南端）所指度盘读数（读至 0.5°）即 AB 的磁方位角 $A_{mAB}$。

（2）安置罗盘仪于 B 点,在 A 点立标杆,同法测出 AB 的反磁方位角 $A_{mBA}$。

（3）正、反方位角应相差 180°,限差为 ±1°。满足要求后取平均值:

$$A_m = \frac{1}{2}(A_{mAB} + A_{mBA} \pm 180°)$$

3. 测定步长

（1）每人以正常步伐,在 AB 长度上进行往返步测。

（2）平均步长计算:

$$l = \frac{L}{n}$$

式中,$n = \frac{1}{2}(n_1 + n_2)$,$n_1$、$n_2$ 分别为往、返步数。

（3）百米所需步数的计算:

$$N_{100} = \frac{100}{l}$$

## 四、注意事项

（1）距离丈量的原理简单,但容易出错,要做到:零点看清——钢尺零点不一定在尺端,有些钢尺零点前还有一段分划,必须看清;读数认清——尺上读数要认清 m、dm、cm 的注字和 mm 的分划数;尺段记清——尺段较多时,容易发生少记一个尺段的错误。

（2）钢尺容易损坏,为维护好钢尺,应做到不扭、不折、不压、不拖。放尺时,当钢尺快松到尺末端时,应保留 1~2 圈;拉尺时不应使尺端连接部分受力;用毕要擦净、涂油,然后卷入尺壳内。

（3）在一般量距中,直线定线可用仪器定线,也可用标杆定线。

（4）地面坡度超过 1/100 时应进行倾斜改正。

（5）使用罗盘仪时,一定要认清磁针南端和北端（没有缠铜丝的指针指北）,并要避开近处对磁性有影响的物质（如金属、高压线等）。罗盘仪迁站或放入仪器箱中时,一定要将磁针固定。

# 实验报告 钢尺量距与罗盘仪定向

## 钢尺量距记录

| 日期： | | | 钢尺号： | | | 司尺者： | | | |
|---|---|---|---|---|---|---|---|---|---|
| 天气： | | | 组　别： | | | 记录者： | | | |

| 测线 | | 往测 | | | 返测 | | | | 往返平均 | 倾斜改正 | 水平距离 | 磁方位角 |
|---|---|---|---|---|---|---|---|---|---|---|---|---|
| 起点 | 终点 | $nl$ | $q$ | $nl+q$ | $H$ | $nl$ | $q$ | $nl+q-H$ | | | | |
| | | | | | | | | | | | | |
| | | | | | | | | | | | | |
| | | | | | | | | | | | | |
| | | | | | | | | | | | | |
| | | | | | | | | | | | | |
| | | | | | | | | | | | | |
| | | | | | | | | | | | | |
| | | | | | | | | | | | | |
| | | | | | | | | | | | | |
| | | | | | | | | | | | 直线磁方位角： |
| | | | | | | | | | | | | $A_{m往}=$ |
| | | | | | | | | | | | | $A_{m返}=$ |
| | | | | | | | | | | | | 平均磁方位角： |
| | | | | | | | | | | | | $A_m=$ |
| | | | | | | | | | | | | 往测步数 $=$ |
| | | | | | | | | | | | | 返测步数 $=$ |
| | | | | | | | | | | | | 平均步长　米 |
| | | | | | | | | | | | | 每百米 =　步 |
| | | | | | | | | | | | | |
| | | | | | | | | | | | | |
| | | | | | | | | | | | | |
| | | | | | | | | | | | | |
| | | | | | | | | | | | | |
| | | | | | | | | | | | | |
| | | | | | | | | | | | | |
| | | | | | | | | | | | | |

1. 罗盘仪上缠铜线一端的指针指向是_____,读取直线磁方位角的指针指向是_____。

2. 知道自己的步长后能在将来的工作和生活中发挥的作用是_____。

| 检验 | $K = \dfrac{L_{往} - L_{返}}{L_{AB}} \leqslant \dfrac{1}{3\,000}$ |
|---|---|

指导教师_____日期_____

# 实验十一　经纬仪测绘地形图

## 一、目的与要求

（1）掌握视距测量的观测方法，并在一个测站上进行地形测量。

（2）学会用计算器进行视距计算，并绘制一个测站的地形图。

## 二、计划与设备

（1）实验时数为 2 学时；实验小组 4 人。

（2）实验设备为 TDJ6E 型光学经纬仪 1 台，平板及架各一个，水准尺一把，半圆仪 1 个，比例尺 1 把，记录板 1 块，标杆 1 根，铁支架 1 个，计算器 1 个，铅笔 1 支。

## 三、方法与步骤

1. 用经纬仪测绘 1：500（或 1：200）地形图（一个测站）的工作步骤

（1）在测站点 $A$ 安置仪器，量取仪器高 $i$（地面点至经纬仪横轴的高度，量至 cm），测站点 $B$ 立标杆（或用其他标志）；测站点高程由指导教师给定（或假定测站点的高程 $H_A = 100.00$m）。

（2）定向：经纬仪瞄准 $B$ 点（一般以盘左位置进行观测），转动度盘变换手轮，使水平度盘配置为 $0°00'00''$。

（3）在测站周围 80m 内选择地物（道路、房角、检修井、路灯等）、地貌特征点并一一立尺，经纬仪瞄准每一立尺点。步骤如下：

①转动望远镜微动螺旋，以十字丝的下丝对准尺上某一整 dm 数，读取上丝读数 $a$、下丝读数 $b$、中丝读数 $v$。

②将竖盘自动归零补偿器打开，处于 ON 状态，读取竖盘读数 $L$，立即算出竖直角 $\alpha$（$\alpha = 90° - L$，应具有正、负号）。

③读取水平度盘读数 $\beta$。

（4）记录者在"视距测量"手簿中首先要将测站点点号、测站点高程和仪器高填入表格，然后记录立尺点点号和观测值［包括：视距丝读数 $a,b,v$（均读至 mm），竖盘读数 $L$（读至秒），水平角 $\beta$（读至分）］并检查三丝读数是否正确。

$$\frac{a+b}{2} - v \leqslant \pm 2\text{mm}$$

（5）每人至少独立观测 3 个点，并进行视距计算。

2. 视距测量计算

视距测量计算测站点至观测点的水平距离 $D$、高差 $h$ 及观测点高程 $H_i$，计算公式如下：

$$D = kl\cos^2\alpha（取至 0.1\text{m}）$$

式中，尺间隔 $l = a - b$；视距乘常数 $k = 100$。

$$h_i = D \cdot \tan\alpha + i - v$$

式中，$\alpha = 90° - L$（顺时针注记竖盘）

$$H_i = H_A + h_i$$

用计算器计算 $D$ 及 $H_i$ 按键步骤如下：

（1）对 $f_x$ 型计算器：$a$ $\boxed{-}$ $b$ $\boxed{=}$ $\boxed{\times}$ $100$ $\boxed{\times}$ $\boxed{(}$ $90$ $\boxed{-}$ $L$ $\boxed{°}$ $\boxed{'}$ $\boxed{''}$ $\boxed{)}$ $\boxed{\min}$ $\boxed{\cos}$ $\boxed{x^2}$ $\boxed{=}$ 显示 $D$；$\boxed{\times}$ $\boxed{RM}$ $\rightarrow$ $\boxed{\tan}$ $\boxed{+}$ $i$ $\boxed{-}$ $v$ $\boxed{+}$ $H_A$ $\boxed{=}$ 显示 $H_i$。

（2）对 EL 型计算器：$a$ $\boxed{-}$ $b$ $\boxed{=}$ $\boxed{\times}$ $100$ $\boxed{\times}$ $\boxed{(}$ $90$ $\boxed{-}$ $L$ $\rightarrow$ $\boxed{DEG}$ $\boxed{)}$ $\boxed{X\text{-}M}$ $\boxed{\cos}$ $\boxed{x^2}$ $\boxed{=}$ 显示 $D$；$\boxed{\times}$ $\boxed{RM}$ $\boxed{\tan}$ $\boxed{+}$ $i$ $\boxed{-}$ $v$ $\boxed{+}$ $H_A$ $\boxed{=}$ 显示 $H_i$。

当输入竖盘读数 $L$ 时，（例如 98°02′36″）

$f_x$ 型按 98 $\boxed{°}$ 02 $\boxed{'}$ 36 $\boxed{''}$。

EL 型按 98.023 6 $\boxed{DEG}$。

3. 地形图绘制

在 8 开白纸上，中央选定 $A$ 点，任选 $AB$ 方向。测点的平面位置是用半圆仪和比例尺根据 $D$ 和 $\beta$，按比例用极坐标法展绘。地物按"地形图图式"规定符号绘制，自然地貌地区应勾绘等高线，若在建筑区自然地形破坏较大，可不绘等高线，只注明点的高程。

## 四、注意事项

（1）碎部点的选择要注意尽量具有代表性。

（2）竖盘读数时，必须打开自动归零补偿器开关（或竖盘指标水准管气泡居中）；实验结束后，一定要关闭自动归零补偿器，以免损坏仪器。

（3）每测 10 ~ 15 个点应检查一次定向，变化超过 ±4′ 应重新定向。

（4）在测量的同时，把观测的相应点位按比例在图上展绘出来，根据地物和地貌形状用地形图图式符号表示出来。

# 实验报告　经纬仪测绘地形图

（1）碎部测量时，水准尺立在地物、地貌的特征点其目的是：_____。

（2）视线倾斜时视距测量计算公式_____其中_____项可以简化计算。

### 视距测量手簿

| 日　期： | 仪器号： | | $K=100$ | | 观测者： |
| 天　气： | 组　别： | | 起始方向： | | 记录者： |
| 测　站： | 仪器高： | | 指标差 $x=0$ | | 测站高程： |

| 观测点 | 尺　读　数 | | | 竖直度盘读数<br>（°　′　″） | 水平度盘读数<br>（°　′　″） | 水平距离<br>（m） | 观测点高程<br>（m） | 备　注 |
|---|---|---|---|---|---|---|---|---|
| | 中丝 | 下丝 | 上丝 | | | | | |
| | | | | | | | | |
| | | | | | | | | |
| | | | | | | | | |
| | | | | | | | | |
| | | | | | | | | |
| | | | | | | | | |
| | | | | | | | | |
| | | | | | | | | |
| | | | | | | | | |
| | | | | | | | | |
| | | | | | | | | |
| | | | | | | | | |
| | | | | | | | | |
| | | | | | | | | |
| | | | | | | | | |
| | | | | | | | | |
| | | | | | | | | |
| | | | | | | | | |
| | | | | | | | | |
| | | | | | | | | |
| | | | | | | | | |
| | | | | | | | | |
| | | | | | | | | |
| | | | | | | | | |
| | | | | | | | | |
| | | | | | | | | |

指导教师_____日期_____

# 实验十二　圆曲线测设

## 一、目的与要求

（1）掌握圆曲线主点元素的计算和主点的测设方法。

（2）掌握用偏角法、切线支距法、全站仪坐标法详细测设圆曲线的方法。

## 二、计划与设备

（1）实验时数为 2 学时；实验小组 4 人。

（2）实验设备为 TDJ6E 型光学经纬仪或（TS02 全站仪 1 台，带棱镜的对中杆 1 个），钢尺一把，标杆 2 根，铁支架 1 个，测钎一束，小木桩 4 个，锤子 1 把，记录板 1 块，计算器 1 个、铅笔 1 支。

## 三、方法与步骤

已知交点里程为 2 + 356.73m，坐标（5 207.810，5 100.767），起点到交点的方位角 $\alpha_{q-j} = 165°56'15''$，转向角 $\alpha = 30°30'30''$，$R = 70\text{m}$，$l_0 = 10\text{m}$ 计算圆曲线元素 $T$、$L$、$E$、$D$ 并列表（用偏角法、切线支距法、坐标法）计算圆曲线详细测设数据，检核无误后方可进行测设。

1. 圆曲线主点的测设

圆曲线主点的测设步骤如下：

（1）圆曲线主点测设之前，需要有标定路线方向的交点（$D_J$）和转点（$D_Z$）。在开阔平坦的场地上选择交点 $D_J$（用木桩或测钎标定），用测回法一个测回测设转向角 $\alpha = 30°30'30''$，确定相邻导线方向，计算转折角 $\beta = 180° - \alpha$。然后在切线长以外定出两个转点 $D_{Z_1}$ 和 $D_{Z_2}$，插上测钎。如图 2.12.1 所示。

（2）按下列公式计算圆曲线测设元素（切线长 $T$、曲线长 $L$、外矢距 $E$、切曲差 $D$），即：

$$T = R \cdot \tan \frac{\alpha}{2}$$

$$L = R \cdot \alpha \frac{\pi}{180} = R \cdot \frac{\alpha}{\rho}$$

$$E = R\left(\sec \frac{\alpha}{2} - 1\right)$$

$$D = 2T - L$$

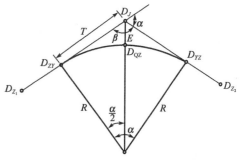

图 2.12.1　圆曲线的主点测设元素

（3）用安置于 $D_J$ 的经纬仪（或全站仪）先后瞄准 $D_{Z_1}$，$D_{Z_2}$ 定出方向，用钢尺（或全站仪）在该方向上测设切线 $T$，定出圆曲线的起点直圆点（$D_{ZY}$）和圆曲线的终点圆直点（$D_{YZ}$），打下木桩，在木桩上标出 $D_{ZY}$、$D_{YZ}$ 的精确位置。

（4）用经纬仪或全站仪瞄准 $D_{YZ}$，水平度盘读数置于 0°00'00"，照准部旋转 $\beta/2$，定出转折角的分角线方向，用钢尺（或全站仪）测设外矢距 $E$，定出圆曲线中点 $D_{QZ}$。

2. 主点里程桩号计算

位于中线上的曲线主点里程桩号由交点的里程桩号推算而得。设 $D_J$ 里程为 $2+356.73\text{m}$，根据圆曲线元素，计算曲线主点的里程桩为

$$D_{ZY} \text{里程桩号} = D_J \text{里程桩号} - T$$

$$D_{QZ} \text{里程桩号} = D_{ZY} \text{里程桩号} + \frac{L}{2}$$

$$D_{YZ} \text{里程桩号} = D_{QZ} \text{里程桩号} + \frac{L}{2}$$

$$(\text{检核}) D_{YZ} \text{里程桩号} = D_J \text{里程桩号} + T - D$$

3. 偏角法详细测设圆曲线

在测设圆曲线时，每 10m 整需要测设里程桩（在工程实践中视实际需要而定），即 $l_0 = 10\text{m}$，$l_A$ 为曲线上第一个整 10m 桩 $P_1$ 与圆曲线起点 $D_{ZY}$ 间的弧长，如图 2.12.2 所示。

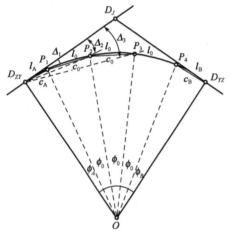

用偏角法详细测设圆曲线，按下式计算测设 $P_1$ 点的偏角 $\Delta_1$ 和以后每增加 10m 弧长的各点的偏角增量 $\Delta_0$ 为：

$$\Delta_1 = \frac{\varphi_A}{2} = \frac{l_A}{2R} \cdot \rho$$

$$\Delta_0 = \frac{\phi_0}{2} = \frac{l_0}{2R} \cdot \rho$$

式中，$\rho = 206\ 265''$。

图 2.12.2　偏角法详细测设圆曲线

$P_2, P_3, \cdots, P_i$ 点的偏角按下式计算，即

$$\Delta_2 = \Delta_1 + \Delta_0$$

$$\Delta_3 = \Delta_1 + 2\Delta_0$$

$$\vdots$$

$$\Delta_i = \Delta_1 + (i-1)\Delta_0$$

圆曲线上的弧长 $l$ 与弦长 $C$ 之差（弧弦差）按下式计算，即：

$$l - C = \delta = \frac{l^3}{24R^2}$$

根据以上这些公式和算得的曲线主点里程，计算圆曲线偏角法测设数据。

用偏角法详细测设圆曲线的步骤：

(1)安置经纬仪于 $D_{ZY}$ 点，照准 $D_J$，变换水平度盘位置使读数为 $0°00'00''$。

(2)当转向角为右偏时，顺时针方向转动照准部，使水平度盘读数为 $\Delta_i$，从 $D_{ZY}$ 点沿经纬仪所指方向上用钢尺（或全站仪）量取弦长 $C_A$($C_A = l_A - \delta_A$ 或 $C_A = 2R\sin\Delta_1$)，确定 $P_1$ 点的位置，用测钎标定。

(3)再顺时针方向转动照准部，使水平度盘读数为 $\Delta_2$，从 $P_1$ 点用钢尺量取以 10m 弧长的弦($C_0 = 9.991\text{m}$)与经纬仪所指方向相交，确定 $P_2$ 点的位置，用测钎标定。依此类推，测设其余各桩点。

(4)测设至圆曲线终点 $D_{YZ}$ 可作检核：$D_{YZ}$ 的偏角应等于 $\alpha/2$，从曲线上最后一点量至 $D_{YZ}$

应等于 $C_B$。如果两者不重合,其闭合差不应超过以下规定:切线方向(纵向)为 ±$L$/1 000;法线方向(横向)为 ±0.1m。

**4. 切线支距法详细测设圆曲线**

(1)按整桩号($l_0$ = 10m)计算切线支距法详细测设圆曲线的数据。

①设定切线坐标系:坐标原点:曲线起点 ZY 或曲线终点 YZ;X 轴:$D_{ZY}$ 或 $D_{YZ}$ 到 $D_J$ 的切线方向;Y 轴:过 $D_{ZY}$ 或 $D_{YZ}$ 与切线垂直的法线方向,即圆心方向。

②曲线点直角坐标的计算:

曲线点的直角坐标为:

$$x_i = R\sin\phi_i$$
$$y_i = R(1 - \cos\phi_i)$$
$$\phi_i = \frac{l_i}{R}\rho$$

式中:$\rho = 206\ 265''$;

$l_1 = l_A$,$l_2 = l_A + l_0 \cdots$,$l_i = l_A + (i - l)l_0$;

$\phi_1 = \phi_A$,$\phi_2 = \phi_A + \phi_0 \cdots$,$\phi_i = \phi_A + (i - l)\phi_0$

(2)切线支距法测设圆曲线如图 2.12.3 所示。由 $D_{ZY}$ 和 $D_{YZ}$ 点分别沿切线方向量取各点支距 $x_i$ 值并用测钎标定,再按勾股定理以各 $x_i$ 点为垂足,用皮尺分别量取切线的垂距 $y_i$ 值,得到曲线上各点。

**5. 全站仪坐标法测设圆曲线**

(1)测设前计算坐标数据。图 2.12.4 所示为坐标法详细测设圆曲线。

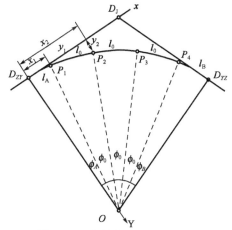

图 2.12.3 切线支距法测设圆曲线

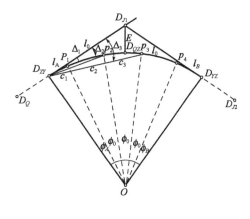

图 2.12.4 坐标法详细测设圆曲线

①计算圆曲线主点坐标

直圆点:$X_{ZY} = X_{J_1} - T \cdot \cos\alpha_{Q-J_1}$

$Y_{ZY} = Y_{J_1} - T \cdot \sin\alpha_{Q-J_1}$

圆直点:$X_{YZ} = X_{J_1} + T \cdot \cos\alpha_{J_1-J_2}$

$Y_{YZ} = Y_{J_1} + T \cdot \sin\alpha_{J_1-J_2}$

曲中点:$X_{QZ} = X_{J_1} + E \cdot \cos\alpha_{J_1-QZ}$

$$Y_{QZ} = Y_{J_1} + E \cdot \sin\alpha_{J_1-QZ}$$

②计算整桩点坐标

坐标方位角：$\alpha_{ZY-i} = \alpha_{ZY} \pm \Delta_i$（$\Delta_i$ 在切线的顺时针方向" + "，逆时针方向" − "）

弦长：$C_i = 2R \cdot \sin\Delta_i$

整桩点坐标：

$$X_i = X_{ZY} + C_i \cdot \cos\alpha_{ZY-i}$$
$$Y_i = Y_{ZY} + C_i \cdot \sin\alpha_{ZY-i}$$

（2）全站仪坐标法测设圆曲线

打开全站仪开关，选择文件管理，设置作业名，输入 $D_Q$、$D_{J_1}$、$D_{J_2}$…已知点坐标，再输入计算后的测设点坐标并保存。

①全站仪安置于 $D_{J_1}$ 点上，对中、整平。

②在"程序"菜单列表中选择"放样"功能，选取点 $D_{J_1}$ 设置测站，量取仪器高并输入仪器中；照准起点 $D_Q$，选用起点 $D_Q$ 坐标定向（或方位角 $\alpha_{J_1-Q}$ 定向）。

③在仪器中选取放样点，按"测距"，按照全站仪箭头指示，逐渐趋近放样点后"确定"；分别测设圆曲线 $D_{ZY}$、$D_{QZ}$、$D_{YZ}$ 及各个整桩点，并将放样的点在地面上全部标定出来。

## 四、注意事项

（1）用偏角法测设较长的曲线时，也可从两端（$D_{ZY}$、$D_{YZ}$）向中点进行测设。

（2）用偏角法和切线支距法测设同一圆曲线可以互相检核。

（3）计算曲线整桩点方位角时偏角顺时针转取" + "$\Delta_i$，偏角逆时针转取" − "$\Delta_i$。

# 实验报告 圆曲线测设

## 圆曲线测设记录

| 一、圆曲线主点测设元素 | | 计算者： | | 测量者： |
|---|---|---|---|---|

$JD =$ $\quad\quad\quad\quad$ $\alpha =$ $\quad\quad\quad\quad$ $R =$ $\quad\quad\quad\quad$ $T =$

$E =$ $\quad\quad\quad\quad$ $L =$ $\quad\quad\quad\quad$ $D =$

**二、圆曲线主点里程**

| | |
|---|---|
| $JD\cdots\cdots$ | $JD\cdots\cdots$ |
| $-T\cdots\cdots$ | $+T\cdots\cdots$ |
| $ZY\cdots\cdots$ | $\cdots$ |
| $+L\cdots\cdots$ | $-D\cdots\cdots$ |
| $YZ\cdots\cdots$ | $YZ\cdots\cdots$ |
| $ZY\cdots\cdots$ | $YZ\cdots\cdots$ |
| $+\frac{1}{2}L\cdots\cdots$ | $-\frac{1}{2}L\cdots\cdots$ |
| $QZ\cdots\cdots$ | $QZ\cdots\cdots$ |

**三、详细测设圆曲线数据**

| 点　名 | 里程桩号 | 弧　长（m） | 坐　标　法 | | 偏　角　法 | | 检核 |
|---|---|---|---|---|---|---|---|
| | | | X（m） | Y（m） | 弦长（m） | 偏角（°′″） | |
| | | | | | | | |
| | | | | | | | |
| | | | | | | | |
| | | | | | | | |
| | | | | | | | |
| | | | | | | | |
| | | | | | | | |
| | | | | | | | |
| | | | | | | | |
| | | | | | | | |
| | | | | | | | |
| | | | | | | | |
| | | | | | | | |
| | | | | | | | |

指导教师_____日期_____

# 实验十三　数字水准仪的使用

## 一、目的与要求

(1)了解数字水准仪的性能及主要部件的名称和作用。
(2)了解数字水准仪的基本操作方法。

## 二、计划与设备

(1)实验时数为 2 学时;实验小组为 4 人,轮流操作仪器、读数并作记录。
(2)实验设备为 Leica Sprinter 150M 数字水准仪 1 台,与数字水准仪配套的数字编码水准尺 1 副、尺垫 2 个。

## 三、方法与步骤

### 1.数字水准仪的外部构件及名称

Leica Sprinter 150M(中误差 ±1.5mm)数字水准仪的外形、各部构件及名称,见图 2.13.1。

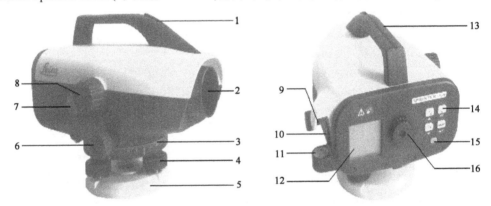

图 2.13.1　Leica Sprinter 150M 数字水准仪

1-瞄准器;2-物镜;3-水平度盘设置环;4-脚螺旋;5-底板;6-水平微动螺旋;7-测量键;8-调焦手轮;9-水准器反光镜;10-电池盒、USB 线接口;11-圆水准器;12-显示屏;13-提柄;14-键盘;15-开关;16-望远镜目镜

### 2.键盘、显示屏

(1)键盘上各键功能见表 2.13.1。

**Leica Sprinter 150M 各键功能**　　　　　　　　　　　　　表 2.13.1

| 键　符 | 键　名 | 功　能 |
|---|---|---|
| ⏻ | 开关 | 电源开关 |
| ▲ | 高程/距离 | 1.在显示距离和高程之间的切换<br>2.光标向上移(在菜单/设置模式下有效),在线水平 BIF 程序下,在中间瞄准 I 和前视 F 之间切换 |

| 键 符 | 键 名 | 功 能 |
|---|---|---|
| △H ▼ | 高差 | 1. 高差和水平距离测量<br>2. 光标向下移(在菜单/设置模式下有效) |
| ☼ ESC | 背景照明 | 1. LCD 背景照明<br>2. ESC 中断退出程序或退出设置(在菜单/设置模式下有效) |
| MENU ↵ | 菜单 | 1. 激活并选择设置<br>2. 回车键用于确认设置 |
| ● | 测量键 | 按住此键 3s 用来启动或停止跟踪测量/延迟测量 |

(2)显示屏显示图标及符号见表 2.13.2。

**Leica Sprinter 150M 显示图标及符号**　　　　　　表 2.13.2

| 显 示 图 标 | 说 明 | 显 示 图 标 | 说 明 |
|---|---|---|---|
| ⚒ | 挖方和填方 | 💾 | 将数据保存到内存 |
| dH | 高差 | ⊠ | 倾斜警告关 |
| ⌊⌋ | 仪器待机/延迟器启动 | X̄ | 平均值测量开启 |
| ☼ | LCD 背景灯开启 | ▥ | 电池容量 |
| ⫚ | 垂直标尺测量模式 | ⫚ | 标尺倒立测量模式 |
| ⌐ᴵ | 连接外接电源 | ◢ᴵ | 标尺高度测量 |
| PtID:/RfID: | 标准点/参考基准点 | ◢ | 测量距离 |
| BM: | 高度基准 | dH̄: | BFFB 的平均高差 |
| Elv: | 高程 | ↗ | 填方/提高到设计高程 |
| D. Elv: | 设计高程 | ↘ | 挖方/降低到设计高程 |

(3)菜单

菜单设置:按 MENU 进入菜单,按▲、▼、↵键选择下表菜单选项,实现功能设定,见表 2.13.3。

**菜单功能选项设定**　　　　　　表 2.13.3

| 菜 单 | 选 项 |
|---|---|
| 1. 程序 | 1. 水准路线测量<br>2. 续↘当↗方 |
| 2. 支点 | 无(BIF 模式选择中间视测量) |
| 3. 输入点号 | 点号;(按▲、▼、↵键选择字母或数字确认) |
| 4. 输入基准高 $H_0$ | 按▲、▼、↵键选择数字,确认改变 $H_0$ 高程 |
| 5. 输入设计高 $H$ | 无(续↘当↗方模式下输入设计高程) |
| 6. 数据管理 | 查看数据、下载数据、删除全部数据 |
| 7. 记录 | 内存/关/外接 |

续上表

| 菜　　单 | 选　　项 |
|---|---|
| 8. 检校 | 检校测量程序,进行校正 |
| 9. 倒尺测量 | 开/关/自动(显示屏分别显示▐▌、▐▌、无) |
| 10. 设置 | 1. 对比度(按▲、▼改变)<br>2. 单位(m)<br>3. 自动关机(15min 后/关)<br>4. 小数位数(标准/精密)<br>5. 蜂鸣器(开/关)<br>6. RS232(波特率:4 800/9 600/19 200/38 400 奇偶性:无/奇/偶;停止位:1/2;数据位:7、8)<br>7. 倾斜告警(开/关)<br>8. 背景照明(开/关)<br>9. 积值($n$;1)<br>10. 语言(English/中文简体/中文繁体)<br>11. Timer(延迟测量;按键 3s 开启;按键 3s 停止) |

### 3. 测量

安置仪器,整平,打开电源,望远镜瞄准条码水准尺,物镜调焦,按测量键(按键 3s 进行跟踪测量),显示屏即显示水准尺高度和距离,见图 2.13.2,不进行高程计算。

### 4. 水准路线测量

在子菜单下的水准路线测量中,可选择程序如下:

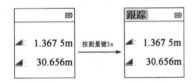

图 2.13.2　测量高度和距离

（1）三等水准测量（见表 2.13.4）；

（2）四等水准测量；

（3）BIF（后支前线路水准测量）；

（4）BF（后前线路水准测量）；

（5）BFFB（后前前后线路水准测量）。

三等水准测量操作步骤
表 2.13.4

| 步骤 | 显　示　屏　显　示 | 操　作　说　明 |
|---|---|---|
| 一 | 菜单<br><br>1. 程序<br>2. 支点<br>3. 输入点号<br>4. 输入基准高 $H_0$　　菜单<br><br>1. 水准路线测量<br>2. 续　当　方　　菜单<br><br>1. 三等水准测量<br>2. 四等水准测量<br>3. BIF<br>4. BF | 按菜单键,选择"程序",确认;选"水准路线测量",确认;选"三等水准测量",确认 |
| 二 | 菜单<br><br>输入线路名<br>线路名:BM₁　　菜单<br><br>单程双转点<br>是<br>否　　菜单<br><br>单程双转点<br>是<br>否 | 按▲、▼、◀键选择字母或数字确认输入线路名;选择单程双转点"是"或"否" |

续上表

| 步骤 | 显 示 屏 显 示 | 操 作 说 明 |
|---|---|---|
| 三 | **BFFB右** 点号：$BM_1$ 高程：135.8120m 对后视测量 进入菜单更改 点号及高程　　**BFFB右** 点号：$BM_1$ 视距：36.680m 视线高：0.8636m ↵接受 | 　　选择"是"，进入左右线路测量，瞄准后视点，按菜单键、▲、▼、◄键选择字母或数字输入点号和高程；按测量键，确认。显示测站到水准尺间的视距及视线高 |
| 四 | **BFFB右** 点号：$TP_1$ 视距：---m 视线高：---m　　**BFFB右** 点号：$TP_1$ 视距：38.678m 视线高：1.1478m ↵接受　　**BFFB右** 点号：$TP_1$ 视距：38.678m 视线高：1.1479m ↵接受 | 　　瞄准点$TP_1$，按测量键，确认；再次测量$TP_1$，每次测量均显示测站到点$TP_1$的视距及视线高 |
| 五 | **BFFB右** 点号：$BM_1$ 视距：---m 视线高：---m　　**BFFB右** 点号：$BM_1$ 视距：36.679m 视线高：0.8635m ↵接受　　**菜单** 点号：$TP_1$ 高程：135.5278m 平均高差：0.2842m ↵接受 | 　　程序返回到已知后视点，瞄准后视点$BM_1$，按测量键，显示视距及视线高，确认。显示高程及平均高差，测站右线路结束，进入双转点模式测量 |
| 六 | **菜单** 双转点模式 开始测量 ↵接受　　**菜单** 本站测量结束 如结束线路按 △H 进入下一站？ ↵接受 | 　　确认，进入左线路测量。重复三～五步骤，显示$TP_1$高程及两点间平均高差。确认，测站测量结束 |
| 七 | **菜单** 本站为奇数站 结束测量？ ↵接受　　**菜单** 三等测量结束 左右路线不符值： -0.2 不符值限差： 1.7 | 　　重复步骤三～六完成下一测站测量，直到终点，按 △H 结束线路 　　* 不符值限差是根据《国家三、四等水准测量规范》公式计算得出，见表2.13.5 |
| 八 | **往BFFB** 点号：$BM_1$ 高程：135.8120m 对后视测量 进入菜单更改 点号及高程　　**往BFFB** 点号：$BM_1$ 视距：36.680m 视线高：0.8636m ↵接受 | 　　在步骤二中选择"否"先进行往测，操作与三～五步骤相同。每测站结束，均显示测点点号、高程、平均高差 |

| 步骤 | 显示屏显示 | 操作说明 |
|---|---|---|
| 九 | 菜单<br>本站为偶数站<br>结束测量?<br>↵接受　　　菜单<br>往测结束<br>进入返测?<br>↵接受 | 确认,结束往测,进行返测重复步骤三~六,确认 |
| 十 | 菜单<br>本站为偶数站<br>结束测量?<br>↵接受　　　菜单<br>三等返测结束<br>测量闭合差:-0.1<br>闭合差限差(MM)<br>平原　2.1<br>山地　2.6 | 按 △H 结束线路<br>*闭合差限差是根据《国家三、四等水准测量规范》公式计算得出,见表2.13.5 |

往返测高差及左、右路线高差不符值限差与闭合差(mm)(GB 12898—91)　表 2.13.5

| 等级 | 测段、路线往返测高差不符值 | 测段、路线的左、右路线高差不符值 | 附合路线或环线闭合差 | | 检测已测测段高差的差 |
|---|---|---|---|---|---|
| | | | 平原 | 山区 | |
| 三等 | $\pm 12\sqrt{K}$ | $\pm 8\sqrt{K}$ | $\pm 15\sqrt{L}$ | $\pm 15\sqrt{L}$ | $\pm 20\sqrt{R}$ |
| 四等 | $\pm 20\sqrt{K}$ | $\pm 14\sqrt{K}$ | $\pm 20\sqrt{L}$ | $\pm 25\sqrt{L}$ | $\pm 30\sqrt{R}$ |

注:$K$ 为路线或测段的长度(km);

$L$ 为附合路线(环线)长度(km);

$R$ 为检测测段长度(km);

山区指高程超过 1 000m 或路线中最大高差超过 400m 的地区。

在操作步骤一中选择"2.四等水准测量"确认,默认"内存"记录模式,测量模式是"BBFF""后后前前"依次测量每一测站,按 △H 键结束线路测量,显示闭合差。

在操作步骤一中选择"3.BIF"确认,"后视—中间视—前视"测量每一站。按 ● 键观测后视,按 🔳 键观测中间视,按 ● 键继续观测中间视,再按 🔳 键观测前视。依次进行至测量结束退出程序。

在操作步骤一中选择"4.BF"确认,进行后视测量—前视测量,依次进行每一站至测量结束。

在操作步骤一中选择"5.BFFB"确认,每一测站进行后视—前视—前视—后视测量,显示观测点高程及两次观测高差平均值 $\overline{dH}$,按 🔳 键结束程序。

5.挖方、填方测量

选择"程序"菜单,选择"2.续 ↘ 当 ↗ 方"确认,按菜单 MENU 键,按 ▼ 键分别选择"3.输入点号"、"4.输入基准高 $H_0$"、"5.输入设计高 $H$"依次输入已知数据确认,按 ● 键,测量基准点,测量目标点(放样点),显示 ↘ 数据(挖方),或 ↗ 数据(填方),按 △H 键结束程序。

## 四、注意事项

（1）数字水准仪为精密测量仪器，应避免强烈震动或冲击，防止日晒雨淋或受潮。

（2）将仪器从箱中取出时应小心轻放，严禁直接置于地上。

（3）搬运时，必须将仪器从三脚架上取下。仪器装箱时，务必先关闭电源并取下电池。

（4）每种型号数字水准仪对应配套数字条码水准尺，其他型号水准尺不可串用，观测时尽量瞄准水准尺中间，图像调焦清晰后进行观测。

（5）使用 AA 电池不可以新旧混用，要求同时使用同型号同厂家电池。

（6）不要将望远镜指向太阳，避免损伤眼睛及损坏仪器部件。

# 实验报告　数字水准仪的使用

## 数字水准仪观测手簿

日　期：　　　　　　　仪器型号：　　　　　　　观测者：

天　气：　　　　　　　组　别：　　　　　　　记录者：

| 测　站 | 测　点 | 后　视 | 前　视 | 高　差 | 平均高差 | 高　程 | 距　离 | 备　注 |
|--------|--------|--------|--------|--------|----------|--------|--------|--------|
| | | | | | | | | |
| | | | | | | | | |
| | | | | | | | | |
| | | | | | | | | |
| | | | | | | | | |
| | | | | | | | | |
| | | | | | | | | |
| | | | | | | | | |
| | | | | | | | | |
| | | | | | | | | |
| | | | | | | | | |
| | | | | | | | | |
| | | | | | | | | |
| | | | | | | | | |
| | | | | | | | | |
| | | | | | | | | |
| | | | | | | | | |
| | | | | | | | | |
| | | | | | | | | |
| | | | | | | | | |
| | | | | | | | | |
| | | | | | | | | |
| | | | | | | | | |
| | | | | | | | | |
| 计算检核 | $\sum$后视 =　　　, $\sum$前视 =　　　, $\sum$高差 =　　　, $f_h$ =　　　, $f_{h容}$ = | | | | | | | |

指导教师：_____日期：_____

# 实验十四 电子全站仪的使用

## 一、目的与要求

（1）熟悉电子全站仪的性能及主要部件的名称和作用。

（2）掌握电子全站仪的基本操作方法。

## 二、计划与设备

（1）实验时数为 2 学时；实验小组 4 人，轮流操作仪器，并作记录。

（2）实验设备为 TS02（Leica）全站仪 1 台，与全站仪相配套的棱镜觇板 2 块。

## 三、方法与步骤

1. TS02 全站仪的外部构件、名称及各键功能

（1）图 2.14.1 所示为 TS02 电子全站仪[测角精度 2″、测距精度 ±（3mm +2ppm）]的外形及各部构件名称。

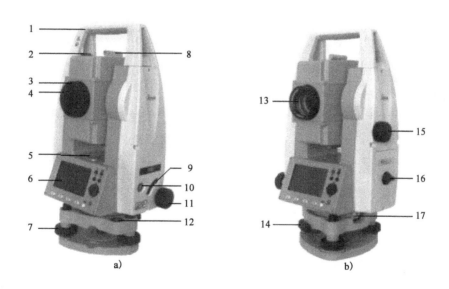

图 2.14.1 TS02 电子全站仪

1-手柄；2-手柄固定螺丝；3-望远镜物镜调焦螺旋；4-望远镜目镜；5-照准部圆水准器；6-显示屏；7-脚螺旋；8-瞄准器；9-快捷触发键；10-电源开关；11-水平微动螺旋；12-基座圆水准器；13-物镜；14-基座固定旋钮；15-垂直微动螺旋；16-电池盒旋钮；17-数据通信串口

（2）操作键：TS02 全站仪操作键见图 2.14.2，按键名称及功能见表 2.14.1。

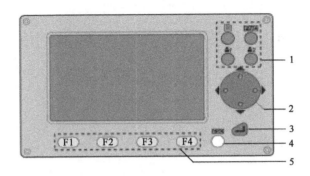

图 2.14.2　TS02 全站仪操作键

1-特定按键;2-导航键;3-输入回车键;4-ESC 键;5-字母数字及对应功能键

**TS02 全站仪按键名称及功能**　　　　　　　　　　　表 2.14.1

| 按　键 | 名　称 | 功　能 |
|---|---|---|
| | 翻页键 | 多页时可显示下一屏 |
| | FNC 键 | 快速进入测量辅助功能 |
| | 用户自定义键 | 在 FNC 目录中可自己定义功能 |
| | 用户自定义键 | 在 FNC 目录中可自己定义功能 |
| | 导航键 | 移动光标比进入特定域 |
| | 回车键 | 确定输入,到下一个域 |
| | ESC 键 | 不做任何更改退出当前屏或编辑模式,返回到上一级目录 |
| | 软按键 | 对应屏幕底部显示功能的功能键 |
| | 开关键 | 打开或关闭仪器 |
| | 触发键 | 可定义的快捷键,可定义测存或测距功能 |

（3）显示屏显示状态图标见表 2.14.2。

**TS02 全站仪显示状态图标**    表 2.14.2

| 图　标 | 说　　明 | 图　标 | 说　　明 |
|---|---|---|---|
| 🔋 | 电池符号,显示电池剩余电量 | I | 表示望远镜位置在 I 面 |
| ▢ | 补偿器开 | II | 表示望远镜位置在 II 面 |
| ▨ | 补偿器关 | ⊗ | Leica 标准棱镜 |
| P | EDM 棱镜模式,适用于棱镜和反射目标间的测量 | ⊗ MINI | Leica 微型棱镜 |
| 012 | 输入为数字 | ▨ | Leica 360°棱镜 |
| ABC | 输入为字母 | ▨ MINI | Leica 360° 微型棱镜 |
| ↻ | 表示水平角设置为"左角测量",即逆时针旋转增加 | ⊗ | Leica 反射片 |
| ◀▶ | 左右箭头表示这个域内有内容可选 | 👤1 👤2 | 用户自定义键 |
| ▲▼⬆ | 上下箭头表示有多个页面可用,使用翻页键进入 | | |

（4）TS02 全站仪显示屏主菜单见图 2.14.3,功能见表 2.14.3。

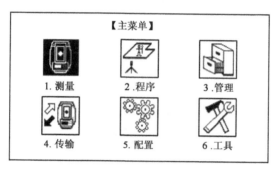

图 2.14.3　TS02 全站仪显示屏主菜单

**TS02 全站仪显示主菜单功能**    表 2.14.3

| 名　　称 | 功 能 说 明 |
|---|---|
| 测量 | 程序可,立即开始测量 |
| 程序 | 启动应用程序 |
| 管理 | 管理作业、数据、编码表、格式文件、系统内存和 USB 存储卡文件。 |
| 传输 | 输出和输入数据 |
| 配置 | 更改 EDM 配置、通信参数和一般仪器设置 |
| 工具 | 进入与仪器相关的工具,检查和调校、自定义启动设置、PIN 码设置、许可码和系统信息 |

2. TS02 全站仪的对中和整平

（1）对中和整平的步骤。

①松开三脚架伸缩固定螺旋,调整架腿到合适的高度固定。将脚架置于测站点上方,将仪器安放到脚架上旋紧连接螺旋。

②打开仪器开关,如果倾斜补偿设置为单轴或双轴,激光对中器就会自动激活,出现"对中/整平"电子气泡界面。否则按 FNC 键选择"对中/整平",地面出现一束红色激光。

③转动脚螺旋使激光对准测站点。

④伸缩架腿整平圆水准器,根据电子水准器的指示精确整平仪器,松开中心连接螺旋,轻轻移动三脚架上的基座,使仪器激光点精确对准测站点,旋紧连接螺旋。激光对中与整平是同时进行的。

(2)电子水准器气泡的整平步骤。

①将仪器旋转至两个脚螺旋连线的平行方向,相对转动两个脚螺旋使该方向的电子水准器气泡居中,见图2.14.4a)。

②转动第三个脚螺旋,使垂直于两个脚螺旋方向上的电子水准器气泡居中,见图2.14.4b)。

③按确定键接受,见图2.14.4c)。

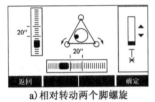  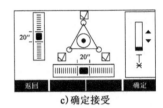

a)相对转动两个脚螺旋　　　　b)转动第三个脚螺旋　　　　c)确定接受

图2.14.4　TS02 全站仪电子气泡整平

**3. TS02 全站仪的常规测量**

在主菜单模式选择"测量"进入"常规测量"模式,可进行角度、距离、高差、坐标测量,如图2.14.5所示。

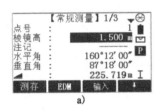 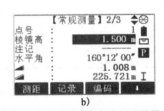 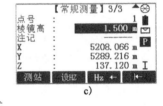

a)　　　　　　　　　b)　　　　　　　　　c)

图2.14.5　TS02 全站仪常规测量模式

* 重复按 F4 翻页键,分别对应的各功能是:F1(测存、测距、测站);F2(EDM、记录、水平角置零);F3(输入、编码、水平角设置左或右增加)。

* 按翻页键分别显示角度、距离(平距、高差、斜距)和坐标数据。

**4. TS02 全站仪的测量程序**

在"主菜单"模式选择"程序",可以进入以下测量任务:

(1)设站;

(2)测量;

(3)放样;

(4)参考元素(参考线可用、参考弧演示版);

(5)对边测量；

(6)面积&DTM—体积测量；

(7)悬高测量；

(8)建筑轴线法；

(9)参考面(演示版)；

(10)道路放样(中国版)；

(11)电力测量(中国版)；

(12)隧道测量(演示版)；

(13)油罐测量(演示版)；

(14)病险水坝监测(演示版)。

5. TS02 全站仪的文件管理

(1)在【主菜单】模式选择"管理"确认,进入【文件管理】模式→按 F1"作业"进入【查看/删除作业】模式→按 F3"新建"→按 F3"输入",用 F1 ~ F4 选择数字或字母命名作业,按"确定",按"ESC"键退回至【文件管理】模式。

(2)在【文件管理】模式按 F2"已知点",用 F1 ~ F4 键可进行查找、删除、新建、编辑已知点数据,"确定",如图 2.14.6 所示。

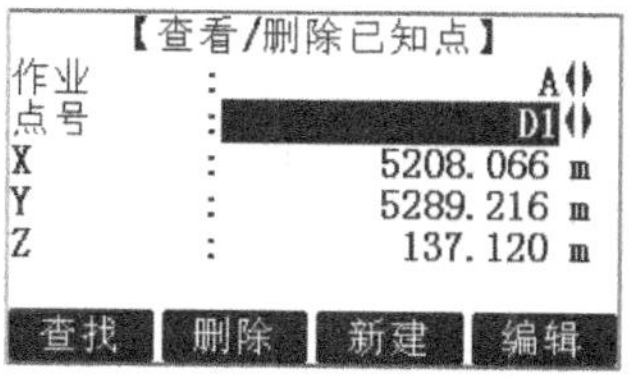

6. TS02 全站仪的测量任务

(1)测量:采集点位的三维坐标信息。

在【主菜单】模式下,选择【程序】菜单确定。操作步骤见表 2.14.4。

图 2.14.6 已知点数据

**TS02 全站仪程序菜单测量** 表 2.14.4

| 步骤 | 显示屏显示 | 操作说明 |
|---|---|---|
| 一 | 【程序】 1/4 ▼ <br> F1 设站 <br> F2 测量 <br> F3 放样 <br> F4 参考元素 <br> F1 F2 F3 F4 | 按 F1 设站,进入"设站"任务 |
| 二 | 【设站】 <br> [·] F1 设置作业 <br> [·] F2 设置限差 <br> F4 开始 <br> F1 F2 F4 | 按 F1 键进入【设站】任务,再按 F1 键进入【设置作业】对话框,选择作业或新建一个作业,确定;若按 F2 进入【设置限差】界面,可以输入(平面标准差、高程标准差、角度标准差、换面标准差)限差 <br> [·]表示此项已设置 <br> [ ]表示此项未设置 |
| 三 | 【设置作业】 1/1 <br> 作业 : A <br> 作业员 : —— <br> 日期 : 18.06.2014 <br> 时间 : 09:15:20 <br> 新建 确定 | 若程序中无作业,按 F1"新建",输入作业名、作业员,按 F4"确定";作业已设置,若程序中有作业,按导航键选择作业名,按 F4"确定"并开始 <br> *若新建作业,按 F3"输入"后,按 F1 ~ F4 输入对应数字或字母命名作业 |

| 步骤 | 显示屏显示 | 操作说明 |
|------|-----------|----------|
| 四 | 【输入测站数据】<br>方法　　　：　　　　坐标定向◀▶<br>测站　　　：　　　　　　　　D1<br>注释　　　：　　　　　——————<br>仪器高　　：　　　　　1.600 m<br><br>查找　确定　输入　↓ | 按F4开始,进入【输入测站数据】界面;输入测站点号、仪器高;若按F4,出现"列表"、"坐标"可进行查看点号或输入坐标;若按导航键,进行设站的方法有:坐标定向、后方交会、高程传递、角度定向<br>＊若选择"角度定向"一定要输入坐标方位角。"后方交会"是通过观测已知点,来确定测站点坐标。"高程传递"测量已知高程的目标点确定仪器高 |
| 五 | 【目标点输入】<br><br>点号:　————————<br><br><br>列表　坐标　输入 | 在【输入测站数据】界面,按F2"确定",进入【目标点输入】界面,按F1"列表"选择已知点;按F2"坐标"输入点号与坐标;按F3"输入"输入点号 |
| 六 | 【测量目标点】1/2　　1/　　⊗<br>点号　　：　　　　　　　　D2<br>棱镜高　：　　　　1.500 m　✉<br>注记　　：　　　　　——————　P<br>垂直角　：　　　87°18′00″<br>△Hz　　：　————·————°′——<br>△▅　　：　　————·————m<br><br>测存　记录　输入　↓ | 瞄准后视点,进入【测量目标点】界面,按F2"记录",显示"结果" |
| 七 | 【结果】　　　　　　　　　▼<br>平面标准差:　————·————m<br>高程标准差:　————·————m<br>角度标准差:　————°′——″<br>F1　计算<br>F2　测量更多点<br>F3　换面测量<br><br>F1　F2　F3 | 在显示【结果】界面下,按F1计算,进入【设站结果】界面<br>＊按F2测量更多点:返回到测量目标点界面测量更多点<br>＊按F3换面测量:在另一面观测相同点 |
| 八 | 【设站结果】1/2　　　　　▼<br>测站　：　　　　　　　　D1<br>仪器高：　　　　1.600 m<br>X　　：　　5208.066 m<br>Y　　：　　5289.216 m<br>Z　　：　　137.120 m<br>水平角:　359°45′02″<br><br>加点　　　　　　设定 | 显示测站点号、仪器高、坐标、定向方位角。按F4"设定",测站和定向已经设置。返回到【程序】菜单见步骤一。按F2测量进入【测量】菜单 |
| 九 | 【测量】<br><br>[·] F1　设置作业<br>[·] F2　设站<br><br>　　　F4　开始<br><br>F1　F2　F4 | 按F4开始测量,瞄准目标,输入点号、棱镜高,按F1"测存"数据直接记录到内存 |

续上表

| 步 骤 | 显示屏显示 | 操作说明 |
|---|---|---|
| 十 | 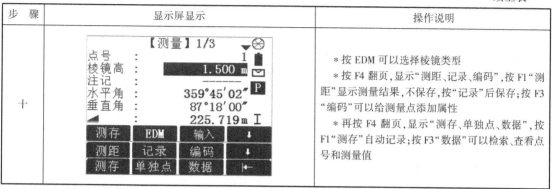 | *按 EDM 可以选择棱镜类型<br>*按 F4 翻页,显示"测距、记录、编码",按 F1"测距"显示测量结果,不保存,按"记录"后保存;按 F3"编码"可以给测量点添加属性<br>*再按 F4 翻页,显示"测存、单独点、数据",按 F1"测存"自动记录;按 F3"数据"可以检索、查看点号和测量值 |

(2)放样:将已有的三维坐标或角度和水平距离标定到实地中。

在【主菜单】模式下,选择"程序"菜单,按 F3 放样,确定。操作步骤见表 2.14.5。放样程序中显示图标说明见表 2.14.6。

**TS02 全站仪程序菜单放样** 表 2.14.5

| 步骤 | 显示屏显示 | 操 作 说 明 |
|---|---|---|
| 一 | 【放样】<br>[·] F1 设置作业<br>[·] F2 设站<br>F4 开始<br>F1  F2  F4 | 在作业、测站均已经设置后,进入【放样】菜单,按 F4 开始放样<br>*设置作业、测站、定向步骤与测量程序相同 |
| 二 | 【放样】 1/4<br>搜索 :<br>点号 : D1<br>棱镜高: 1.500 m<br>△Hz + 0°26′37″<br>△ ↓ − 0.001 m<br>△ ↑ 0.005 m<br>测距 记录 输入 ↓ | 按 F1"测距"显示放样点与测量点误差,移动对中杆按指示逐渐趋近放样点<br>*按"测存"或"记录"可存储放样点观测值 |
| 三 | 【放样元素输入】<br>输入目标点的方位角和距离!<br>点号 :<br>方位角: °′″<br> . m<br>返回 输入 | 按 F4,选择 F2"极坐标"法放样,输入点号、方位角和距离确认,按 F2"测距"显示角度和距离的偏差,移动对中杆按指示趋近放样点 |

**放样程序中图标显示结果说明** 表 2.14.6

| 显 示 图 标 | 说 明 |
|---|---|
| △Hz | 角度偏差:放样点在测量点右侧显示正值 |
| △◢ | 水平距离偏差:放样点比测量点远显示正值 |
| △◢ | 高程偏差:放样点高于测量点显示正值 |
| △纵向 | 纵向偏差:放样点比测量点远显示正值 |

| 显 示 图 标 | 说　　明 |
|---|---|
| △ 横向 | 横向偏差:放样点在测量点右侧显示正值 |
| △ Z/H | 高程偏差:放样点高于测量点显示正值 |
| △ Y/E | 东坐标偏差:放样点在测量点右侧显示正值 |
| △ X/N | 北坐标偏差:放样点比测量点远显示正值 |
| △ Z/H | 高程偏差:放样点高于测量点显示正值 |

(3)参考元素:测定点与线/弧之间的相对位置关系。

在【主菜单】模式下,选择"程序"菜单,按 F4"参考元素",进入【参考元素放样】设置界面,设置作业、设站与测量相同,按 F4 开始进入【参考线/弧/网格】界面,按 F2 选择参考线(参考弧演示版)进入【基线定义】界面,测量两点先确定一条基线,显示基线长度及基线的两个点,进入【参考线定义】界面,参考线即是根据已知基线输入偏移量(横向偏移、纵向偏移、Z、旋转)来确定后进行放样测量,显示字段及功能见表 2.14.7 参考线放样界面说明。

**参考线放样界面说明** 表 2.14.7

| 字段及功能 | 说　　明 |
|---|---|
| 横向偏移 | 水平面内垂直于基线的偏移量,放样点位于参考线右侧为正 |
| 纵向偏移 | 平行于基线的偏移量,放样点远于参考线为正 |
| Z | 高程偏移量,高于参考线为正 |
| 旋转 | 参考线沿参考点顺时针旋转的角度 |
| 参考高程 | 点号 1:相对于第一个参考点高程计算的高差;<br>点号 2:相对于第一个参考点高程计算的高差;<br>内插值:沿着参考线内插点计算的高差;<br>无高程:不计算或显示高差 |
| 按 F1 测量 | 进入【参考线测量】界面,输入纵横向偏移量确定,放样测量 |
| 按 F2 放样 | 进入【正交放样元素输入】界面,输入正交放样数据确定;<br>进入【正交放样】界面,放样测量 |
| 按 F2 格网 | 进入【定义格网】界面,输入格网起点里程、格网点增量确定;<br>进入【格网放样】界面,放样测量 |
| 按 F3 分段 | 进入【定义分段】界面,输入分段长度确定;<br>进入【分段放样】界面,放样测量 |
| 按 F1 新基线 | 测量新基线,定义新参考线 |

(4)对边测量:确定两点间的坡度、斜距、水平距离、高差、方位角。

在【主菜单】模式下,选择"程序"菜单,按翻页键,按 F1"对边测量",操作步骤见表 2.14.8。

**TS02 全站仪程序菜单对边测量**　　　　　　　　　　表 2.14.8

| 步　骤 | 显 示 屏 显 示 | 操 作 说 明 |
|---|---|---|
| 一 | 【对边测量】<br>[·] F1　设置作业<br>[·] F2　设站<br>　　　F4　开始<br>〔F1〕〔F2〕〔　　F4　〕 | 按 F4,进行【对边测量】任务<br>＊作业、测站、定向设置与测量程序相同 |
| 二 | 【对边测量】<br>请选择测量方法！<br>〔折线〕〔射线〕 | 按 F2"折线"依次测量两点间相对位置数据;按 F3"射线"以第一点为中心到各个不同方向点相对位置数据的测量 |
| 三 | 【折线对边】　　1/3<br>点号1 :<br>棱镜高 :　　　　　1.500 m<br>◢ 　 :　　　－－－－.－－ m<br>◢ 　 :　　　－－－－.－－ m<br>〔测存〕〔查找〕〔输入〕〔 ↓ 〕 | 【折线对边】测量,瞄准一点目标,按 F1"测存",一点测量数据自动保存;也可从键盘输入点坐标或从作业中选取 |
| 四 | 【折线对边】　　1/3<br>点号1 :　　　　　　　　1<br>点号2 :　　　　　　　　2<br>棱镜高 :　　　　　1.500 m<br>◢ 　 :　　　－－－－.－－ m<br>◢ 　 :　　　－－－－.－－ m<br>〔测存〕〔查找〕〔输入〕〔 ↓ 〕 | 瞄准二点目标,按 F1"测存",2 号点测量数据自动保存。显示对边测量结果<br>＊只有第一个目标点数据记录后才能显示测量第二个目标点 |
| 五 | 点号1 :　　　　　　　　1<br>点号2 :　　　　　　　　2<br>坡度 :　　　　　　＋6.5%<br>△◢ :　　　　35.654 m<br>△◢ :　　　　35.371 m<br>△◢ :　　　　2.317 m<br>方位角:　　　167°26′35″<br>〔新对边〕〔新点〕〔　　射线〕 | 显示观测第一目标点和第二目标点间的坡度、斜距、平距、高差、方位角<br>＊按 F1"新对边"重新进行两点间对边测量;按 F2"新点"第二点和新观测点间对边测量;按 F4"射线"进行【中心点】对边测量 |
| 六 | 【中心点】　　1/3<br>点号1 :　　　　　　　　1<br>棱镜高 :　　　　　1.500 m<br>◢ 　 :　　　－－－－.－－ m<br>◢ 　 :　　　－－－－.－－ m<br>〔测存〕〔查找〕〔输入〕〔 ↓ 〕 | 在步骤二【对边测量】模式按 F3"射线"进入【中心点】模式对边测量。分别瞄准两个不同目标点进行"测存"显示观测结果 |

| 步　骤 | 显　示　屏　显　示 | 操　作　说　明 |
|---|---|---|
| 七 | 点号1　：　　　　　　　　　1<br>点号2　：　　　　　　　　　2<br>坡度　：　　　　　　　　+6.5%<br>△◢　：　　　　　　35.654 m<br>△◢　：　　　　　　35.371 m<br>△◢　：　　　　　　　2.317 m<br>方位角　：　　167°26′35″<br>中心点　端点　　　　　折线 | 按 F1"中心点"重新观测新点的对边测量;按 F2"端点"继续观测第一点与新点的对边测量 |

（5）面积 &DTM—体积测量:计算出多个点组成的多边形面积及固定高度的体积。

在"程序"菜单,按翻页键,按 F2"面积 &DTM—体积测量",设置作业和设站与测量相同,按 F4 进入【面积 &DTM—体积测量】界面,沿着边界按顺序测量一个几何图形(点位连线不可交叉),显示面积值及多边形形状。

*2D:计算投影到水平面上的面积;

*3D:计算投影到自动或手动定义参考面上的面积。

（6）悬高测量:测定两点间高度(如电力线、房屋的高度)。

在"程序"菜单,按翻页键,按 F3 选择"悬高测量",设置作业和设站与测量相同,按 F4 进入【基点】界面,在悬高点正下方放置棱镜,瞄准棱镜测量存储,抬高望远镜瞄准悬高点,确定,完成悬高测量。

（7）建筑轴线法:建筑工地的轴线放样和竣工检查。

在"程序"菜单,按翻页键,按 F4 选择"建筑轴线法",按 F3"新建施工轴线"(按 F4 继续上次),进入【建筑轴线法起点】测存起点,再测存终点(起点 $E=0$、$N=0$、参考高程使用线起点高程,起点到终点方向为坐标纵轴)进入【放样】界面;按 F3 检查进入【竣工检查】界面。点号可由作业中选取,也可键盘输入坐标值。$hr$ 为棱镜高,放样及检查显示字段说明见表 2.14.9。

TS02 全站仪建筑轴线法放样和检查　　　　　　　表 2.14.9

| | 字段和显示图形 | 说　明 |
|---|---|---|
| 放样 | $\Delta L$ | 待放样点沿轴线方向距轴线起点的距离,目标点远离测量点显示正值 |
| | $\Delta O$ | 待放样点与轴线间的水平垂直距离,目标点位于测量点右侧显示正值 |
| | $\Delta H$ | 待放样点与轴线起点间的高差,目标点高于测量点显示正值 |
| | 显示图形 | 仪器转动方向及实时差值,引导照准到正确位置 |
| 检查 | $\Delta L$ | 测量点沿轴线方向距轴线起点的距离,测量点远于起点显示正值 |
| | $\Delta O$ | 测量点与轴线间的水平垂直距离,测量点位于轴线右侧显示正值 |
| | $\Delta H$ | 测量点与轴线起点间的高差,测量点高于起点显示正值 |
| | 显示图形 | 测站点、轴线、测量点间的相对位置 |

7. TS02 全站仪的数据传输

（1）参数设置

①安装并运行 LEICA　Flexoffice 数据传输软件。

②选取文件新建项目,输入文件名。

③在界面中选工具→数据交换管理→右键点击"串口" ⚌COM3（COM3 是数据线所带驱动虚拟出来的串口，按实际串口选定）。选择"设置"，弹出"COM 设置"，如图 2.14.7 所示，端口：COM3；仪器：TS 02/06/09；波特率：115 200（与仪器中的通信参数设置相同）；奇偶校验：无；数据位：8；结束符：CRLF；点击"确定"。

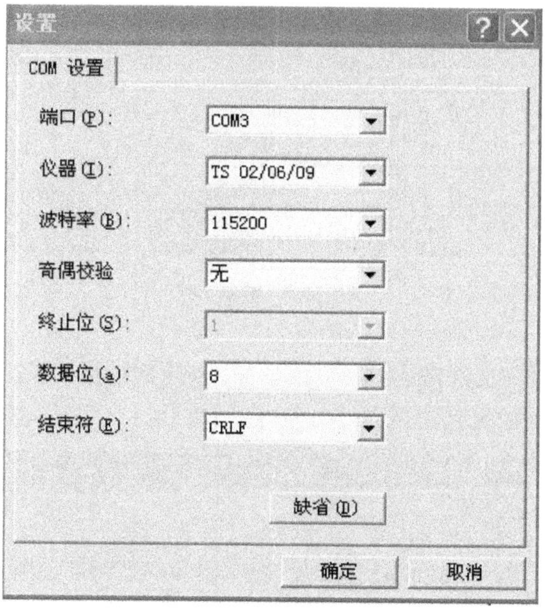

图 2.14.7　COM 设置

（2）数据下载

点击带有仪器型号的 COM3 前面的" + "号，看到仪器中的文件，如图 2.14.8 所示。将文件作业拖拽至右侧电脑文件目录中，数据即可下载传输。

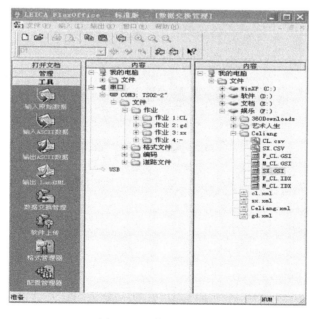

图 2.14.8　数据交换管理

提示：在弹出的对话框中要选择保存的文件名及数据格式，我们可以选择其中一种格式文件（GSI、IDX、XML、DXF、ASC），如果用徕卡的软件处理，则默认为"GSI"格式，点击开始，数据下载至电脑中，见图2.14.9。

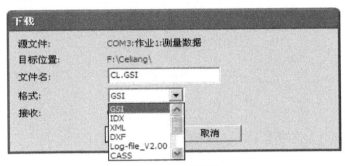

图2.14.9  数据下载

（3）数据转换

将数据转换成可编辑的文件格式：选择工具→输入原始数据（图2.14.10）→选文件夹→选*.GSI文件→输入→分配数据到项目文件→分配（图2.14.11）→关闭→输出（图2.14.12）。

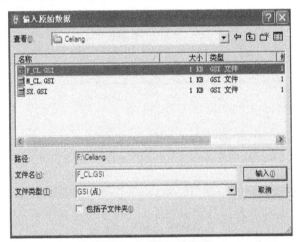

图2.14.10  输入原始数据

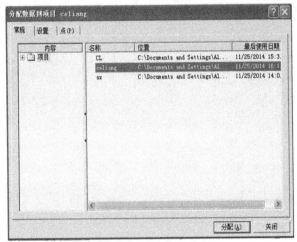

图2.14.11  分配数据到项目

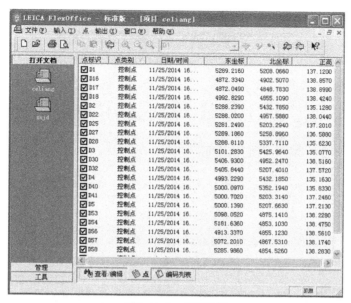

图 2.14.12　项目数据

选择 ＊.IDX 文件,点右键可查看坐标,另存或编辑数据。

(4)数据上传

在软件界面点击"项目",弹出"项目管理"窗口,选择项目名(重新建立项目右键点击"项目",点击"新建"输入项目名,确定),点击"输入",选择"输入 ASCII 数据",弹出"输入 ASCII 数据"窗口。

①选择文件名( ＊.csv 格式),如图 2.14.13 所示,点击"输入"。

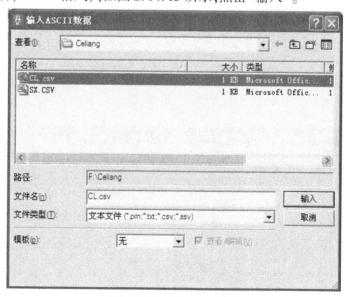

图 2.14.13　输入 ASCII 数据

②输入向导 1,点击"下一步",见图 2.14.14。

③见图 2.14.15,输入向导 2,点击"下一步"。

④在图 2.14.15 中数据上面的标题栏处(0、1、2、3)点击右键,选择输入"点标识、北坐标/东坐标(或东坐标/北坐标)、正高",点击"下一步"显示如图 2.14.16。

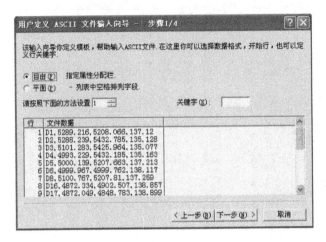

图 2.14.14　输入向导 1

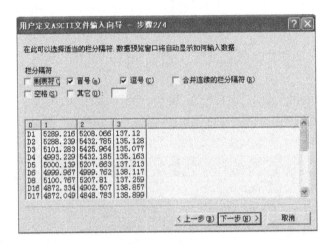

图 2.14.15　输入向导 2

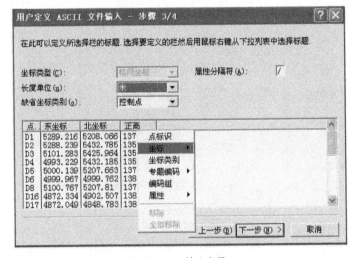

图 2.14.16　输入向导 3

⑤在图2.14.16界面中,点击"下一步",显示如图2.14.17所示。

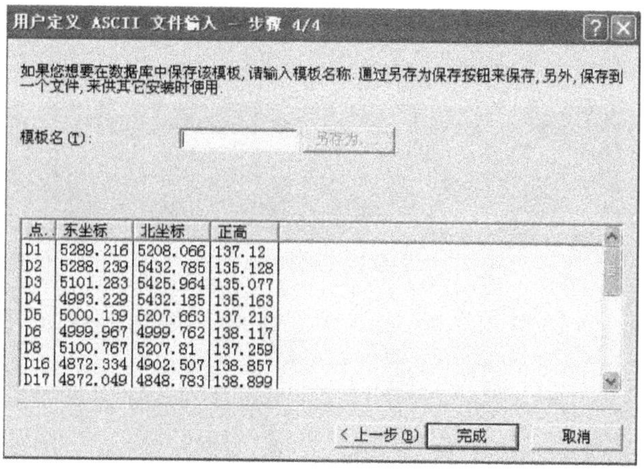

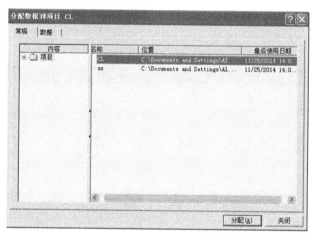

图2.14.17　文件输入完成

⑥在图2.14.17界面中,点击"完成"。显示如图2.17.18所示,点击"分配",数据已分配到项目中。

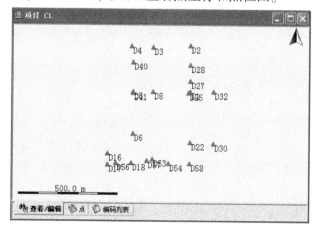

图2.14.18　分配数据到项目

⑦在显示项目界面(图2.14.19)中可以查看点坐标和点位图。

图2.14.19　项目

⑧数据导出,生成全站仪可识别的文件格式,见图2.14.20。点击左边的"输出LandXML"功能,弹出"选择导出LandXML文件的项目"界面,点击"输出"。

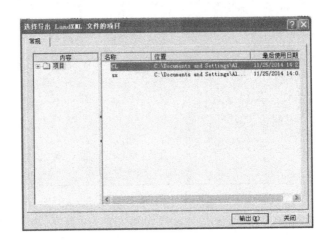

图2.14.20　选择导出LandXML文件的项目

⑨输入文件名,点击"保存",保存LandXML文件见图2.14.21。

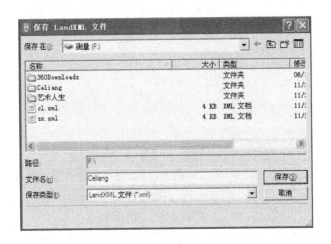

图2.14.21　保存LandXML文件

将"*.XML"文件上传到全站仪作业,输入新作业名,点击"确定",完成上传,在全站仪中打开上传的文件作业,既可以进行测量和放样工作。

## 四、注意事项

(1)电子全站仪为最贵重的精密测量仪器之一,应避免强烈震动或冲击,防止日晒雨淋或受潮。

(2)将仪器从箱中取出时应注意小心轻放,严禁直接置于地上。

(3)搬运时,必须将仪器从三脚架上取下。仪器装箱时,务必先关闭电源。

(4)不要将仪器直接对准太阳,将仪器直接对准太阳会严重伤害眼睛,也会损坏仪器。

# 实验报告 电子全站仪的使用

## 全站仪观测手簿

| 测站<br>仪器高 | 目标<br>棱镜高 | 水平角观测 | | 竖直角观测 | | 距离高差测量 | | 坐标测量 | | | |
|---|---|---|---|---|---|---|---|---|---|---|---|
| | | 水平度<br>盘读数<br>(° ′ ″) | 方位角<br>水平角<br>(° ′ ″) | 竖盘读数<br>(° ′ ″) | 竖直角<br>(° ′ ″) | 斜距<br>(m) | 平距<br>(m) | 高差<br>(m) | X/N<br>(m) | Y/E<br>(m) | Z/H<br>(m) |
| | | | | | | | | | | | |
| | | | | | | | | | | | |
| | | | | | | | | | | | |
| | | | | | | | | | | | |
| | | | | | | | | | | | |
| | | | | | | | | | | | |
| | | | | | | | | | | | |
| | | | | | | | | | | | |
| | | | | | | | | | | | |
| | | | | | | | | | | | |
| | | | | | | | | | | | |
| | | | | | | | | | | | |
| | | | | | | | | | | | |
| | | | | | | | | | | | |
| | | | | | | | | | | | |
| | | | | | | | | | | | |
| | | | | | | | | | | | |
| | | | | | | | | | | | |
| | | | | | | | | | | | |
| | | | | | | | | | | | |
| | | | | | | | | | | | |
| | | | | | | | | | | | |
| | | | | | | | | | | | |
| | | | | | | | | | | | |
| | | | | | | | | | | | |
| | | | | | | | | | | | |
| | | | | | | | | | | | |
| | | | | | | | | | | | |

指导教师:_____ 日期:_____

# 实验十五　全站仪数字化测图

## 一、目的与要求

（1）掌握使用全站仪的程序采集地形图特征点的坐标数据，并用全站仪内存记录数据，掌握全站仪与计算机之间数据传输的方法并绘制草图。

（2）学会用 AutoCAD 技术绘制数字化地形图。

## 二、计划与设备

（1）实验时数为 4 学时，实验小组 4 人，轮流操作仪器。

（2）实验设备为 TS02（Leica）全站仪 1 套，带棱镜对中杆 1 个，数据线 1 根，记录板 1 块。

## 三、方法与步骤

用全站仪采集地形图特征点坐标数据，可用三维坐标测量方法，绘制草图并标注特征点点号（与仪器中点号相对应）及属性。

1. 全站仪采集数据步骤

（1）在测站点 A 安置全站仪；按电源开关，进行激光对中、整平，检查中心连接螺旋是否旋紧，对中误差小于 3mm。

（2）量取仪器高和棱镜高度精确至 mm。

（3）在主菜单选择管理，按 F1 作业，新建一个作业，确定；输入新的已知点 A、B 三维坐标数据，确定；按 ESC 返回主菜单。

（4）选择程序菜单确认，按 F1 设站，按 F4 开始。选择已知点 A 设站、输入仪器高，输入目标点 B，瞄准；按 F2"记录"，按 F1 计算，显示设站结果；按 F4"设定"设站和定向成功。按 F2 测量，输入棱镜高。

（5）在地物或地貌特征点上立带棱镜的对中杆，并使对中杆上的圆气泡居中。

（6）全站仪瞄准对中杆棱镜中心，输入点号；按"测存"数据自动存入内存，按"测距"可显示测量数据；再按"记录"数据记入内存。

（7）作业过程中和作业结束前再检查定向方位。

2. AutoCAD 技术绘制数字化地形图的方法

用数据线连接全站仪与计算机，使用传输软件将全站仪测量的数据传输至计算机上，打开输出数据文件，显示格式：Point ID-E-N-H，编辑成 dat 文件后传输到 CASS 绘图软件中，或用 Excel 传输到 AutoCAD 软件中，选择相应命令，用测量规定的地物、地貌符号绘制地形图。在输入测量点坐标时，应按 $Y(E)$，$X(N)$，$Z(H)$ 坐标顺序输入。

将地形图打印输出，打印比例尺为 1:500。

## 四、注意事项

（1）在地物地貌的特征点上安置对中杆，并使其气泡居中。

（2）瞄准目标时应瞄准棱镜中心。

（3）测量时应绘制草图，并注记点号。点号应与仪器中点的编号一致，便于计算机绘图。

（4）因测量坐标系与数学坐标系不一致，在用 AutoCAD 技术绘制数字化地形图时，应按 $Y$ $(E)$，$X(N)$，$Z(H)$ 顺序输入坐标。

# 实验报告　全站仪数字化测图

测量坐标系与 AutoCAD 坐标系不同点是＿＿＿＿＿＿。

| 日　期： | | 仪器号： | | 观　测　者： | |
|---|---|---|---|---|---|
| 测　站： | | 仪器高： | | 测站高程： | |

| 观　测　点 | 观　测　点　坐　标 | | | 备　注 |
|---|---|---|---|---|
| | X/N（m） | Y/E（m） | Z(H)（m） | |
| | | | | |
| | | | | |
| | | | | |
| | | | | |
| | | | | |
| | | | | |
| | | | | |
| | | | | |
| | | | | |
| | | | | |
| | | | | |
| | | | | |
| | | | | |
| | | | | |
| | | | | |
| | | | | |
| | | | | |
| | | | | |
| | | | | |
| | | | | |
| | | | | |
| | | | | |
| | | | | |
| 测区草图 | | | | |

指导教师＿＿＿＿＿＿＿＿日期＿＿＿＿＿＿＿＿

# 实验十六 全球卫星定位系统 GPS 接收机的使用

## 一、目的与要求

（1）了解 GPS 接收机构造，认识仪器主要性能及各部件名称和作用。

（2）练习使用 GPS 接收机测量。

## 二、计划与设备

（1）实验时数为 2 学时；实验小组 4 人，轮流操作仪器、读数井记录。

（2）实验设备为 GPS 单、双频接收机 3 台套。

## 三、方法与步骤

由实验教师安置好仪器，准确连接各部分连接线，向各实验小组介绍 GPS 接收机的主要构件和操作方法；轮流操作仪器，读数并记录。

1. GPS 单、双频接收机的外部构件及名称

（1）单、双频 GPS 接收机（美国 Ashtech）外形及各部件名称，见图 2.16.1、图 2.16.2、图 2.16.3。

图 2.16.1 Locus 单频一体化全自动测量系统
1-电源开关；2-电源指示；3-卫星状态；4-内存；
5-观测时间

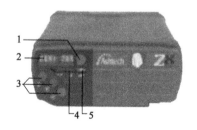

图 2.16.2 Z-Xtreme 双频 GPS 接收机
1-电源开关；2-显示屏；3-菜单键；4-内存；
5-卫星状态

图 2.16.3 天线及 RTK
电子手簿

（2）GPS 双频接收机按键功能见表 2.16.1。

GPS 双频接收机按键功能

表 2.16.1

| 键 符 | 功 能 | 键 符 | 功 能 |
|---|---|---|---|
| ◐ | 电源开关键 | ▽ | 短按编辑时显示光标位置；长按（时间 > 3s），进入子菜单 |
| △ | 短按同级菜单切换；长按（时间 > 3s），返回上一级菜单 | ↵ | 短按接受改变的设置；长按（时间 > 3s），取消操作 |

（3）GPS 双频接收机显示功能

①文件名格式如图 2.16.4 所示。

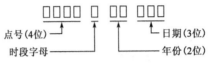

点号（4位）
时段字母
年份（2位）
日期（3位）

图 2.16.4　文件名格式

②GPS 双频接收机显示功能菜单见表 2.16.2。

GPS 双频接收机显示功能菜单

表 2.16.2

| 模 式 | 显 示 | 功 能 |
|---|---|---|
| SYSINFO（系统信息） | VER. C | 仪器内置软件版本号 |
| | S/N | 选项 |
| | BAT | 电池剩余电量（min） |
| | MEMC | PC 卡内存剩余量 |
| SURVEY STATIC 测量状态 | SITE | 输入点号 |
| | ANT | 输入天线高 |
| | STATUS | 状态：坐标查看、PDOP 值查看、卫星个数#USED 查看 |
| SURVCONF 测量配置 | REC INT | 采样率 |
| | ELEV MASK | 截止高度角 |
| | MODE | 测量模式：STATIC（静态）KINEMATI（准动态）RTK BASE（实时动态基准站） |
| SESSIONSC 时 段 | STOP SESSION | 停止时段 |
| | START SESSION | 开始时段 |
| | LIST SESSION | 时段列表：开机 5min 后查看是否生成文件 |
| | NEW SESSION | 生成新时段，建立新文件 |
| | DELETE ALL | 删除所有时段 |
| SETTINGSC 设 置 | MEMORY  RESET | 内存复位：状态为 1. 由动态测量转为静态测量；2. 仪器工作出现异常 |
| | BAUD RATE | 波特率设置：一般情况下勿改变 |
| | LAUGUAGE | 语言选择 |
| | BEEP | 蜂鸣开关 |
| | SAVE | 保存：保存天线高、点名，用于某点重复观测时保存数据 |

2. GPS 单、双频接收机静态测量

1）布网条件

（1）选点方案：地势开阔；

（2）点分布均匀（尽量选在高点）；

（3）网型强度高。

2）外业测量

（1）接收机操作：架设仪器；连线；输入点名及天线高；观测 20～30min。

（2）收工顺序：先关主机再撤线。设置距离与观测时间见表 2.16.3。

**设置距离与观测时间**  表 2.16.3

| 距离（km） | 时间（min） | 距离（km） | 时间（min） |
|---|---|---|---|
| 15～20 | 90 | 5～10 | 30～45 |
| 10～15 | 60 | ＜5 | 20～30 |
| ＊长边不能超过平均边长的 2～3 倍；最短边是平均边长的 1/3～1/2 | | | |

3）内业工作步骤

（1）建立工作项目：［Create a new project］。

①输入项目名 Project：Name；

②进行参数设置：坐标系统（Coordinate System）、投影带（Zone），同时在其他信息（Miscellanenus）中对选项进行设置（可用默认值）。

（2）下载数据：Project/Add raw data files from receiver。

（3）基线解算：Run/Processing［All（全部处理）/Unprocessed（处理新增数据）］。

（4）自由网平差：Run/Adjustment。

（5）约束平差：选若干个控制点（Control Sites），进行约束平差。

＊若第（4）步通过但第（5）步未通过，很可能是所选控制点有问题，或是等级不均匀，或是精度不够。

（6）报表：Project/Report。

3. 实时动态测量系统

1）作业原理

（1）实时动态（Real Time Kinematic，RTK）测量是在基准站安置一台 GPS 接收机，对所有可见 GPS 卫星进行连续观测，并将观测数据通过无线电传输设备实时地发送给流动站。在流动站上，GPS 接收机既接收 GPS 卫星信号，同时又通过无线电接收设备，接收基准站传输的观测数据，再根据相对定位原理，实时地计算并显示流动站的三维坐标及精度。

（2）坐标实时转换：

$$WGS84(B,L) \xrightarrow{投影} (X,Y)_{54} \xrightarrow{转换} (X,Y)_{地方} \rightarrow 转换参数（a 尺度参数；b 旋转参数；c、d 平移参数）。$$

高程：拟合模型 $\bar{\varepsilon} = a + bx + cy$；$h_{未} = H_{未} + \bar{\varepsilon}$。

2）仪器组成

基准站与流动站；硬件连接如图 2.16.5 所示。电台接串孔 B；RTK 电子手簿接串孔 A。

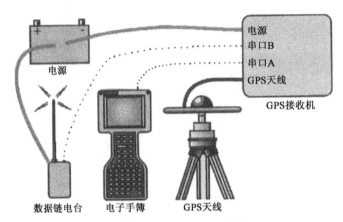

图 2.16.5　基准站与硬件连接图

3）性能指标

（1）作业距离：最大为 40km（海上为 60km）；建议距离为 10～15km。

（2）精度：平面位置 $1 + D \times 10^{-6}$ cm

　　　　　高　　程 $3 + 2D \times 10^{-6}$ cm

**4. GPS 快速 RTK（实时动态）测量**

利用控制点计算坐标转换参数法：适用于测区已有地方假定坐标系而大地定向未知时，则以已知控制点连测的方法构成地方平面直角坐标系做坐标转换。

基准站要尽量布设在地势较高的地方（可以是未知点）；控制点要选择同等精度的点，且要均匀地分布在测区周围。

1）RTK 手簿建立工作项目操作

RTK 手簿建立工作项目时，点击［Job］$\xrightarrow{\text{选择}}$［New］操作如下：

（1）输入基准站序号及已知坐标。

（2）依次输入求解转换参数所用的控制点的点号、坐标和高程，RTK 手簿显示如图 2.16.6；操作顺序：［Job］$\xrightarrow{\text{选择}}$［Edit Points］$\xrightarrow{\text{选择}}$［Insert…］$\longrightarrow$［输入坐标数据］。

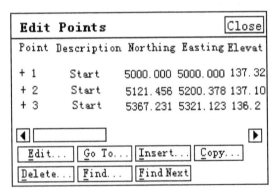

图 2.16.6　输入数据

（3）进行选项设置：点击［Job］$\xrightarrow{\text{选择}}$［Settings］，在［Receiver］（接收机）选项的 GPS 模式列表框中选择［RTK］，点击［OK］；再选择其他选项进行设置。

2)设置基准站

RTK 手簿设置基准站操作步骤见表2.16.4。

RTK 手簿设置基准站操作步骤

表2.16.4

| 步骤 | RTK 手簿显示 | 操作说明 |
|---|---|---|
| 一 | 1 Job　　　A GPS Status<br>2 Survey　　B Base Setup<br>3 Stakeout　C Rover Setup<br>4 Inverse　　D Control Points<br>5 Cogo　　　E Data Collection | 点击主菜单[Survey](测量)后,再点击[Base Setup](设置基准站) |
| 二 | Current GPS Base Station　Close<br>Current Base Point:<br>Base Rx.Status:Base is not set:<br>Base Latitude:<br>Base<br>Base Height:<br>Reduced Antenna Height:<br>Setup...　　　　　　OK | 点击[Setup…] |
| 三 | Base Setup　　Settings Cancel<br>+ Base Point:　　⊠ 1　▼<br>-Antenna:<br>⦿ True Vertical 1.532　Double Check<br>○ Slant Height: 0.0　Load from List<br>　Radius:　　0.0<br>0.0 :vert.Offset　　　Next > | 输入基准站点号及天线真高(True Vertical)/或天线盘半径(0.1)+天线斜高(Slant Height);点击[Next >] |
| 四 | Base Setup　　Settings Cancel<br>Base Point: 1<br>Latitude:　　0.000　N positive<br>Longitude:　　0.000　E positive<br>Ellipse Height: 0.0　m<br>GET Position From Rx.　GPS Status<br>Average position 1　epochs before GET<br>< Back　　SET | 获取基准站的 WGS84 坐标,有以下两种方法:<br>1.利用 GPS 单点定位坐标点击[GET Position From Rx];<br>2.若基准站的 WGS84 坐标是已知值,则可以输入(建议用方法1) |

| 步骤 | RTK 手簿显示 | 操 作 说 明 |
|---|---|---|
| 五 | **Base Setup**　Settings Cancel<br>Base Point: 1<br>Latitude: 45.453010992 N positive<br>Longitude: 126.405106624 E positive<br>Ellipse Height: 186.299 m<br>GET Position From Rx.　GPS Status<br>Average position 1 epochs before GET<br>< Back　SET | 点击[SET] |
| 六 | **Base Setup**　Settings Cancel<br>Base Point: 1<br>**TDSRTK**<br>⚠ this recever corrently not set as a base Press OK to continue setup. Press cancel to quit.<br>OK　Cancel<br>Average position 1 epochs before GET<br>< Back　SET | 点击[OK] |
| 七 | **Base Setup**　Settings Cancel<br>Base Point: 1<br>**SurveyPro**<br>⚠ You have set the base at a new autonomous Position You will need to re-occupy the horizontal and vertical control Points.<br>OK<br>< Back　SET | 点击[OK] |
| 八 | **Current GPS Base Station**　Close<br>Current Base Point: 1<br>Base Rx. Status: Base is set at:<br>Base Latitude: 45°45'30.10992"N<br>Base 126°40'51.06624"E<br>Base Height: 186.2990 m<br>Reduced Antenna Height: 1.3600 m<br>Setup...　OK | 点击[OK],返回主菜单 |

3)设置流动站

RTK 手簿设置流动站操作步骤见表 2.16.5。

**RTK 手簿设置流动站操作步骤**　　　　　　　　　　　　表 2.16.5

| 步骤 | RTK 手簿显示 | 操 作 说 明 |
|---|---|---|
| 一 | ☐1 Job　　　Ⓐ GPS Status<br>☐2 Survey　　Ⓑ Base Setup<br>☐3 Stakeout　Ⓒ Rover Setup<br>☐4 Inverse　　Ⓓ Control Points<br>☐5 Cogo　　　Ⓔ Data Collection | 点击主菜单[Survey]（测量）后，再点击[Rover Set-up]（设置流动站） |
| 二 | Rover Setup　　　 Settings Cancel<br>Current Base Setup:<br>Point: 1<br>Lat: 45°45′30.10992″N　Height:<br>Lng: 126°45′51.06624″E　188.3170 m<br>GET from Base　　　　SET Rover<br>Rover Antenna　　　　Vert Offset:<br>◉ True Vertical: 2.04　0.0<br>◯ Slant Height: 0.0　Double Check<br>　　Radius: 0.0　Load from List | 输入天线高（2.04m）；点击[SET Rover]（流动站设置），然后返回到主菜单<br>＊流动站天线高是定值 |

＊若手簿中无基准站坐标，则点击[GET From Base]，通过数据链将基准站坐标读到流动站接收机。若用来设置流动站的手簿与设置基准站的手簿为同一手簿，则该手簿中已经存在基准站的坐标，点击[SET]即可

4）解算坐标转换参数

RTK 手簿解算坐标转换参数操作步骤见表 2.16.6。

**RTK 手簿解算坐标转换参数操作步骤**　　　　　　　　　表 2.16.6

| 步骤 | RTK 手簿显示 | 操 作 说 明 |
|---|---|---|
| 一 | ☐1 Job　　　Ⓐ GPS Status<br>☐2 Survey　　Ⓑ Base Setup<br>☐3 Stakeout　Ⓒ Rover Setup<br>☐4 Inverse　　Ⓓ Control Points<br>☐5 Cogo　　　Ⓔ Data Collection | 点击主菜单[Survey]（测量）后，再点击[Control Points]（控制点） |
| 二①| Control Points　　　Settings Close<br>Fix　Radio:100% SV:07 HRMS: 0.01<br>+Point:　　　　　2　　▼<br>Utilities:<br>Projection　Edit Point　Rover setup<br>Occupy Point:<br>　　　　Check　Control | 流动站安置在已知控制点上，采集（或输入）已知84坐标：<br>1. 输入参与计算的控制点的点号；<br>2. 点击[Control] |

续上表

| 步骤 | RTK 手簿显示 | 操作说明 |
|---|---|---|
| 二② | 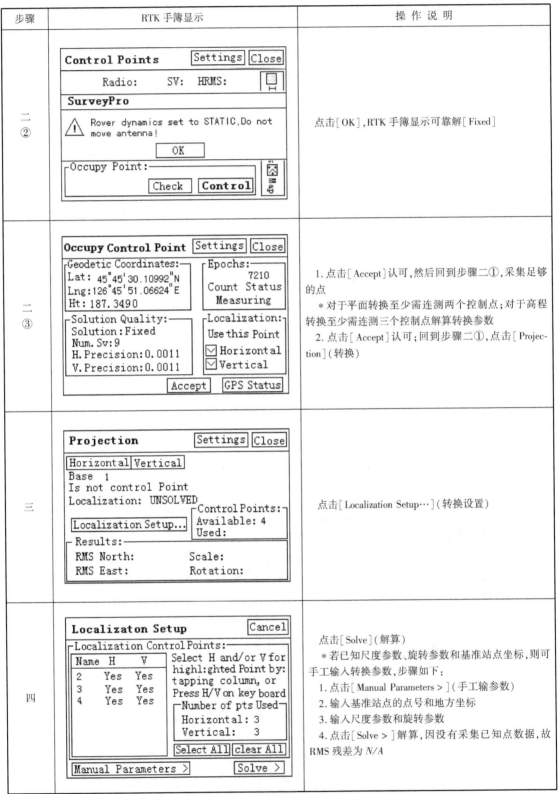 Control Points　Settings Close<br>Radio:　SV:　HRMS:<br>SurveyPro<br>⚠ Rover dynamics set to STATIC,Do not move antenna!<br>OK<br>Occupy Point:<br>Check　Control | 点击[OK],RTK 手簿显示可靠解[Fixed] |
| 二③ | Occupy Control Point Settings Close<br>Geodetic Coordinates:<br>Lat: 45°45′30.10992″N<br>Lng:126°45′51.06624″E<br>Ht: 187.3490<br>Epochs: 7210<br>Count Status<br>Measuring<br>Solution Quality:<br>Solution:Fixed<br>Num. Sv:9<br>H.Precision:0.0011<br>V.Precision:0.0011<br>Localization:<br>Use this Point<br>☑ Horizontal<br>☑ Vertical<br>Accept　GPS Status | 1. 点击[Accept]认可,然后回到步骤二①,采集足够的点<br>＊对于平面转换至少需连测两个控制点;对于高程转换至少需连测三个控制点解算转换参数<br>2. 点击[Accept]认可;回到步骤二①,点击[Projection](转换) |
| 三 | Projection　Settings Close<br>Horizontal Vertical<br>Base 1<br>Is not control Point<br>Localization: UNSOLVED<br>Localization Setup...<br>Control Points:<br>Available: 4<br>Used:<br>Results:<br>RMS North:　Scale:<br>RMS East:　Rotation: | 点击[Localization Setup…](转换设置) |
| 四 | Localizaton Setup　Cancel<br>Localization Control Points:<br>Name H V<br>2 Yes Yes<br>3 Yes Yes<br>4 Yes Yes<br>Select H and/or V for highlghted Point by: tapping column, or Press H/V on key board<br>Number of pts Used<br>Horizontal: 3<br>Vertical: 3<br>Select All clear All<br>Manual Parameters >　Solve > | 点击[Solve](解算)<br>＊若已知尺度参数、旋转参数和基准站点坐标,则可手工输入转换参数,步骤如下:<br>1. 点击[Manual Parameters >](手工输参数)<br>2. 输入基准站点的点号和地方坐标<br>3. 输入尺度参数和旋转参数<br>4. 点击[Solve >]解算,因没有采集已知点数据,故RMS 残差为 N/A |

| 步骤 | RTK 手簿显示 | 操 作 说 明 |
|---|---|---|
| 五 | **Localizaton Setup** [Cancel]<br>[Horizontal] [Vertical]<br>┌Parameters:─┐　**Solved**<br>　a: 1.0000000　Scale: 1.000000<br>　b: 0.0000008　Rotation: 0°00'00"<br>　c:-94711.543　┌RMS Residuals:─<br>　d:-94791.999　Northing: 0.006729<br>　　　　　　　　　Easting: 0.004217<br>　　　　　　[<Back] [Accept] | 点击[Accept](认可)退出 |
| 六 | **Projection** [Settings] [Close]<br>[Horizontal] [Vertical]<br>Base　1<br>Is not control Point<br>Localization: SOLVED<br>[Localization Setup...]　┌Control Points:<br>　　　　　　　　　　　　Available: 3<br>┌Results:─　　　　　　Used:　3<br>RMS North:0.0067　Scale: 1.000000<br>RMS East: 0.0062　Rotation: - | 点击[Close](关闭),返回 Control Point 屏;再点击[Close](关闭)返回主菜单<br>＊若是手工输入的转换参数,[Control Points:]控制点列表框显示(Used:Manual)解 |

5)测量

RTK 手簿测量操作步骤见表 2.16.7。

**RTK 手簿测量操作步骤**　　　　　　　　　　　　　　　表 2.16.7

| 步骤 | RTK 手簿显示 | 操 作 说 明 |
|---|---|---|
| 一 | 1 Job　　　　　A GPS Status<br>2 Survey　　　B Base Setup<br>3 Stakeout　　C Rover Setup<br>4 Inverse　　　D Control Points<br>5 Cogo　　　　E Data Collection | 点击主菜单[Survey](测量),再点击[Data Collection](数据采集) |
| 二 | **Data Collection** [Settings] [Close]<br>Fix　Radio:100%　SV:07　HRMS: 0.01<br>▫ Point:　　[5] [▼]<br>Description: [ss]<br>┌Utilities:─<br>[Control Point]　　　　[Rover setup]<br>┌Data Collection:─<br>[Feature]　[Offset]　[Point] | 在"Point"(点)字域中输入点名 |

续上表

| 步骤 | RTK 手簿显示 | 操 作 说 明 |
|---|---|---|
| 三 | **Occupy Data Points** [Settings] [Cancel]<br>Local Coordinates:<br>Northing: 5252.1921<br>Easting: 5166.9518<br>Elevation: 137.4560<br>Solution Quality:　　Epochs:<br>Solution:Fixed<br>Num. Sv:9　　　　7210<br>H. Precision:0.0011　Count Status<br>V. Precision:0.0011　Measuring<br>[Accept] [GPS Status] | 点击[Point]开始测量,显示[Occupy Data Points](设站观测点)中,地方测量坐标随即计算刷新<br>＊当显示[Fixed](得到可靠解)时,点击[Accept](认可) |
| 四 | **Data Collection** [Settings] [Close]<br>Fix Radio:100% SV:07 HRMS: 0.01<br>▫ Point:　　　6　▼<br>Description: ss<br>Utilities:<br>[Control Point]　　[Rover setup]<br>Data Collection:<br>[Feature] [Offset] [Point] | 返回[Data Collection](数据采集)屏。重复上述各步骤测量新点 |

6)工程放样

(1)GPS 点位放样

RTK 手簿点位放样操作步骤见表 2.16.8。

**RTK 手簿点位放样操作步骤**　　　　　　　　表 2.16.8

| 步骤 | RTK 手簿显示 | 操 作 说 明 |
|---|---|---|
| 一 | 1 Job　　　　A Stake Points<br>2 Survey　　　B Polyline Points<br>3 Stakeout　　C Stake to Line<br>4 Inverse　　　D Offset Staking<br>5 Cogo　　　　E Slope Staking | 点击主菜单[Stakeout](放样),再点击[Stake Points](点放样) |
| 二 | **Stake Points** [Settings] [Close]<br>＋ Design Point:　　　1　▼<br>Increment: [0]　　[Next Point >]<br>[Solve >] | 输入设计点号,点击[Solve](解算),解算出导航数据 |

续上表

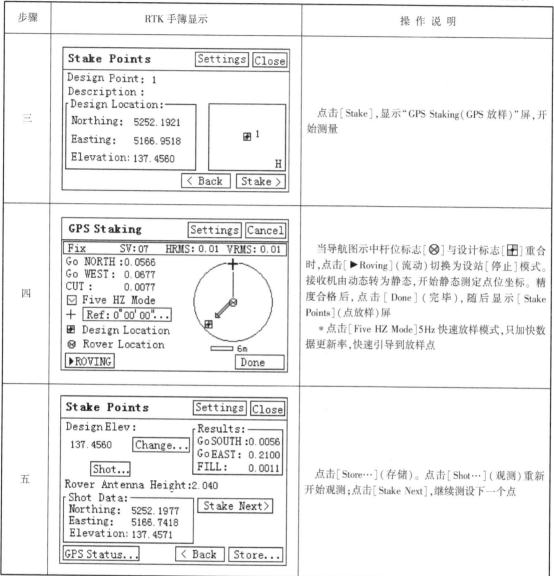

| 步骤 | RTK 手簿显示 | 操作说明 |
|---|---|---|
| 三 | **Stake Points** [Settings] [Close]<br>Design Point: 1<br>Description:<br>┌Design Location:─┐<br>Northing: 5252.1921<br>Easting: 5166.9518<br>Elevation: 137.4560<br>[< Back] [Stake >] | 点击[Stake]，显示"GPS Staking(GPS 放样)"屏，开始测量 |
| 四 | **GPS Staking** [Settings] [Cancel]<br>[Fix SV:07 HRMS: 0.01 VRMS: 0.01]<br>Go NORTH :0.0566<br>Go WEST: 0.0677<br>CUT: 0.0077<br>☑ Five HZ Mode<br>＋ [Ref: 0°00'00"...]<br>⊞ Design Location<br>⊗ Rover Location ☐ 6m<br>▶ROVING [Done] | 当导航图示中杆位标志[⊗]与设计标志[⊞]重合时，点击[▶Roving](流动)切换为设站[停止]模式。接收机由动态转为静态，开始静态测定点位坐标。精度合格后，点击[Done](完毕)，随后显示[Stake Points](点放样)屏<br>*点击[Five HZ Mode]5Hz快速放样模式，只加快数据更新率，快速引导到放样点 |
| 五 | **Stake Points** [Settings] [Close]<br>Design Elev: ┌Results:─┐<br>137.4560 [Change...] GoSOUTH :0.0056<br>[Shot...] GoEAST: 0.2100<br>Rover Antenna Height:2.040 FILL: 0.0011<br>┌Shot Data:─┐<br>Northing: 5252.1977 [Stake Next>]<br>Easting: 5166.7418<br>Elevation: 137.4571<br>[GPS Status...] [< Back] [Store...] | 点击[Store...](存储)。点击[Shot...](观测)重新开始观测；点击[Stake Next]，继续测设下一个点 |

（2）GPS 直线定线测设

RTK 手簿直线定线测设操作步骤见表2.16.9。

**RTK 手簿直线定线测设操作步骤** 表2.16.9

| 步骤 | RTK 手簿显示 | 操作说明 |
|---|---|---|
| 一 | ① Job ④ Stake Points<br>② Survey ⑧ Polyline Points<br>③ Stakeout ⓒ Stake to Line<br>④ Inverse ⑩ Offset Staking<br>⑤ Cogo ⑥ Slope Staking | 点击主菜单[Stakeout](放样)，再点击[Stake to Line](直线定线) |

续上表

| 步骤 | RTK 手簿显示 | 操作说明 |
|------|------------|---------|
| 二 |  | 输入起始点及终止点的点号,确定直线位置;点击[Stake >](测设) |
| 三 | | [Stake to Line](直线定线)开始测量。处于流动站模式,显示出定线导航数据 |
| 四 | | 点击[▶Results](结果)/[▶(N,E,Z)](坐标),"结果"与点位"坐标"显示切换 |
| 五 | | 杆位到达待定直线,出现"***On the Line***"标示。点击[▶Roving](流动),切换设站模式。接收机由动态转为静态开始测量 |
| 六 | | 当精度合格后,点击[Store…](存储)储存原始数据,返回流动模式。每次用[▶Occupying](设站观测),测设若干个点并存储其点位坐标直至完成 |

7)手簿数据传输

(1)数据下载

①安装 Microsoft Activesync 软件,用数据线连接手簿和计算机,建立连接。

②退出,进入我的电脑——选择→其他——选择→移动设备。

③打开移动设备$\xrightarrow{\text{选择}}$My Computer$\xrightarrow{\text{选择}}$Disk$\xrightarrow{\text{选择}}$Survey Pro Jobs 显示 *.txt 文件移动至桌面。

（2）数据上传

①打开手簿选择 Surveypro$\xrightarrow{\text{选择}}$Create a New Job 创建新文件（或选择 Job$\xrightarrow{\text{选择}}$New），输入文件名（*）$\xrightarrow{\text{选择}}$Nex$\xrightarrow{\text{选择}}$Nex（显示北方位角;米）$\xrightarrow{\text{选择}}$Nex$\xrightarrow{\text{选择}}$Finish（结束）。

②在手簿中选择 Job$\xrightarrow{\text{选择}}$Import Coordinates（输入文件）。

③打开（Type）下拉菜单选择 Text Files（*.txt）文件类型。

④选择显示 *.txt 文件名$\xrightarrow{\text{选择}}$Ok$\xrightarrow{\text{选择}}$Comma（选择逗号分隔）。选择文件格式及单位（一般选用逗号或空格的形式分隔数据），如图 2.16.7 所示。

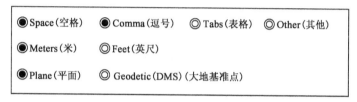

图 2.16.7　文件格式及单位

⑤选择 Next$\xrightarrow{\text{选择}}$Ok（见图 2.16.8 重新获取有效数据）$\xrightarrow{\text{选择}}$Close（返回）$\xrightarrow{\text{选择}}$Next。显示如图 2.16.9 数据输入向导。

```
SurveyPro

  The delimiter that you

  Specified resulted in no

  Valid data. Please

  Choose a different one
```

图 2.16.8　重新获取有效数据

```
Ascii Import Wizard      [Close]

  ▶ Name Column No:  [1]
  ┌ Columns: ─────────────
         Northing:  [2]
         Easting:   [3]
     ☑ Elevation:  [4]
     ☑ Description: [5]

  □ Specify Missing Elevation Threshold
  [Preview]   [< Back]   [Finish]
```

图 2.16.9　数据输入向导

⑥Loading 显示如图 2.16.10 所示，Survey Pro。

```
Survey Pro

  1 Duplicates Were Ignored

  42 Points Were Imported

         [OK]
```

图 2.16.10　Survey Pro

⑦Ok $\xrightarrow{\text{选择}}$ Edit Points 显示坐标数据。

## 四、注意事项

（1）GPS 连接线比较多，注意不要连接错误，特别是外接电源正、负极不要连接错误，以免损坏仪器。注意开始及结束时的操作。

（2）开始作业时要先连接主机与天线、主机与电台、电台与电台的天线，然后打开主机，打开电台。

结束作业时要先关主机，关电台，然后再撤各种连接线。

（3）作业时注意事项：

①基准站与控制点的 84 坐标必须是同套坐标数据。

②在采集控制点进行坐标转换参数计算或在采集点时，要得到 Fixed 解才可接受。

③手簿上 JOB/SETTINGS 中的设置在第一次设定后，一般不需改动；当手簿出现异常（如长时间不能收敛，可用卫星为 0，电台信号差），可进行软复位操作（JOB/SETTINGS/RECEIVER SETTINGS / RESET），复位操作后接收机必须重新进行基准站或流动站的设置。

④若等候很长时间仍得不到 Fixed 解（因系统没有解算出整周模糊度），应进行复位操作。

# 实验十七　全球导航卫星系统 GNSS 接收机的使用

## 一、目的与要求

（1）了解 GNSS 接收机、TSC3 控制器，认识仪器主要性能及各部件名称和作用。

（2）练习使用 GNSS 接收机测量、放样。

## 二、计划与设备

（1）实验时数为 2 学时；实验小组 4 人，轮流操作仪器。

（2）实验设备为 GNSS 接收机 1 台套。

## 三、方法与步骤

1. GNSS 接收机的外部构件及名称

（1）图 2.17.1 中 2 所示为 GNSS 接收机与 TSC3 控制器（美国 Trimble）外形及名称。

①静态和快速静态 GPS 测量精度：

水平：±5mm+0.5ppm RMS

垂直：±5mm+1ppm RMS

②RTK 动态测量精度：

水平：±10mm+1ppm RMS

垂直：±20mm+1ppm RMS

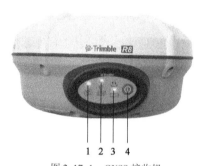

图 2.17.1　GNSS 接收机

1-卫星跟踪指示灯；2-电台指示灯；3-数据记录指示灯；4-电源开关键

图 2.17.2　TSC3 控制器

（2）GNSS 接收机面板功能见表 2.17.1。

GNSS 接收机面板图标功能　　　　　　　　表 2.17.1

| 图　标 | 功　能 |
| --- | --- |
|  | 电源开关键（Power button）：按下至灯亮松开，打开电源；按下至灯熄，关闭电源；按住持续 15s，删除所有机内存储数据，恢复厂家设置；按住持续 30s，删除接收机内置软件，格式化 PC 卡 |

表 2.17.1

| 图　标 | 功　能 |
|---|---|
| | 数据记录 LED 指示灯(Logging/Memory LED),隔 5s 闪一次表示正常记录;快闪表示,电池电量不足,灯亮开始记录数据,灯灭停止记录数据 |
| | 电台/Event marker 指示灯(Radio/Event marker LED),慢闪:接收到信号 |
| | 卫星跟踪指示灯(SV Tracking LED):慢闪,正在跟踪 4 颗或 4 颗以上卫星;快闪,正跟踪低于 4 颗卫星;熄灭,没有跟踪卫星;常亮,接收机处于监控状态,检测新的软件安装 |

(3)TSC3 控制器 Trimble Access 软件。

打开 TSC3 控制器,进入 Trimble Access 主界面,如图 2.17.3 所示。点击图标 可以重新安排图标、查看功能模块及版本号,点击 Celiang 可以更改用户名、设置密码,在其他界面点击 可返回主界面。

各模块功能介绍。

(1)进入"常规测量"选项:①任务;②键入;③坐标几何;④测量;⑤放样;⑥仪器(见图 2.17.4)。常规测量功能见表 2.17.2。

图 2.17.3　TSC3 控制器主界面

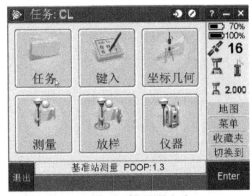

图 2.17.4　常规测量选项

**常规测量菜单功能表**　　　　表 2.17.2

| 类别选项 | 功能选项 | 功能说明 | 类别选项 | 功能选项 | 功能说明 |
|---|---|---|---|---|---|
| 任务 | 新任务 | 建立新的测量任务 | 坐标几何 | 计算反算 | 计算两点间方位角、距离、垂距、坡度等 |
| | 打开任务 | 打开已经测量的任务 | | 计算点 | 根据已知条件计算并得到未知点坐标和 WGS84 坐标 |
| | 任务属性 | 选择编辑任务属性 | | 计算体积 | 在地图创建表面可选,输入高程计算填挖体积和面积 |
| | 检查任务 | 查看任务信息 | | 计算方位角 | 根据点位或角度计算方位角 |
| | 点管理器 | 查看、编辑网格坐标和 WGS84 坐标等 | | 计算平均值 | 计算点位坐标平均值 |
| | QC 图 | 任务数据的质量精度等信息 | | 面积计算 | 选取点位计算多边形面积及周长 |

续上表

| 类别选项 | 功能选项 | 功能说明 | 类别选项 | 功能选项 | 功能说明 |
|---|---|---|---|---|---|
| 任务 | 地图 | 点的平面位置图 | 坐标几何 | 弧解 | 根据半径、角度、弧长、弦长等计算弧上的点并添加到数据库 |
| | 任务间复制 | 从一个任务复制到另一个任务(可选择复制校正、所有控制点、校正和控制、当地变换、点) | | 三角解 | 计算三角形边、角、面积 |
| | 导入/导出 | 发送或接收另一个设备的数据,导入/导出固定(或自定义)格式文件 | | 划分线 | 把线划分成线段,创建的点存储在数据库中 |
| 键入 | 点 | 输入点名、网格、当地、WGS84 坐标等 | | 划分弧 | 划分弧,创建的点存储在数据库中 |
| | 线 | 按两点法,从一点的方向—距离法输入直线起点点号,起始桩号,桩号间隔等信息 | | 变换 | 点通过旋转、比例、平移变换点坐标并存储 |
| | 弧 | 根据点、半径、弧长、角度变化量、交点和切线等信息输入弧 | | 导线 | 计算导线闭合差误差并平差 |
| | 定线 | 输入点范围、起始桩号、桩号间隔等 | | 尺量计算 | 用来把点添加到常规测量中 |
| | 注释 | 编制描述任务 | | 计算器 | 计算器功能,可计算方位角和距离 |
| 测量 | 选择测量形式 RTK | 启动基准站接收机、测量点、测量代码、连续地形、工地校正、结束 GNSS 基站测量 | 放样 | 选择测量形式 RTK | 点、线、弧、定线、DTMs、结束 GNSS 基站测量 |
| 仪器 | GNSS 功能 | 基准站模式(自动连接)、流动站模式(自动连接)、蓝牙、电台(可更改电台频率、波特率和其他设置)、开始测量、结束测量、关闭接收机电源、卫星、位置、导航到点、导入文件、接收机状态 | | | |
| | 位置 | 显示纬度、经度、高度(WGS84)等 | | | |
| | 导航到点 | 输入点名,导航到点 | | | |
| | 照相机 | 对测量的点添加属性拍照 | | | |

在测量中图中显示功能: ![卫星]查看卫星;![电台]查看电台;![状态]查看接收机状态;![地图]显示当前任务点位图;![菜单]返回常规测量任务主界面;![收藏夹]可以添加到收藏夹、定制…、查看点管理器、检查任务、放样点、测量点、键入注释等。![切换到]切换到打开的界面;![Enter]开始测量。

进入"仪器"选项,再选 GNSS 功能,在测量过程中可以查看 GNSS 接收机状态,结束测量、关闭接收机电源、导航到点等功能,GNSS 功能见图 2.17.5。

(2)设置:

①测量形式(新建、复制、编辑、删除等);

②模板(新建、编辑、重命名、删除、从另一个任务导入);

③连接(互联网设置、GNSS 联系、自动连接、电台设置、蓝牙、罗盘);

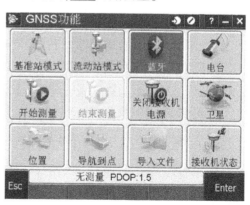

图 2.17.5　GNSS 功能

④要素库(新建并编辑);

⑤语言(切换语言)。

(3)互联网设置:设置软件连接互联网方式。

(4)文件:打开资源管理器,浏览文件夹和文件。

(5)道路:道路测量和放样。

(6)互联网:打开 IE 连接互联网。

(7)Access Marketplace:远程网络功能。

2. R8 GNSS 接收机的静态测量

(1)安置仪器。在选好的观测站点上安放三脚架,打开仪器箱,取出基座和对中器,并安放在脚架上,在测站点上对中、整平;取出接收机,将其安放在对中器上,并锁紧,整平基座上的水准管;量取天线高(斜高:测站点至 GNSS 主机护圈中心;垂高:测站点至 GNSS 机座底部)并记录。

(2)接收机配置静态测量方式。

①通过控制器启动静态时的设置。在设置/测量形式中新建一个形式 Static,在基准站选项中选择 Fast Static 测量类型。选择静态数据是要记录到接收机或控制器,以选择记录间隔,选择截止高度角;天线信息填写好,序列号可以不填,选择 GNSS 信号跟踪的卫星,然后接受存储。

②通过 GPS Configration 软件配置开机自动静态测量。在电脑上安装 GPS Configration 软件,用线缆连接接收机和电脑,运行软件,选择接收机型号和连接端口。注意接收机要打开选择 Log data,选项卡点击 Start logging 按钮。如图所示 Measurement interval 为静态采样间隔,可按实际需求填写;Position interval 为位置间隔,一般写 5min;Elevation mask 为截止高度角,可按需求填写;Stat logging at power up 为开机就开始记录静态,一定要选勾点击 OK,然后在 Config 配置文件选项卡里就可以看到 POWER_UP 的配置文件,点击确定,设置完毕。

(3)测量。按着作业时间开机或提前开机,按电源开关键,所有指示灯亮,松开按键,开始测量;到了关机时间,再检查对中、整平、量取天线高记录;按电源开关键,指示灯灭,停止记录,结束测量,此测段数据在内存中形成一独立文件。

(4)静态数据传输下载有两种方式:

①通过计算机连接接收机,用传输软件 Office Synchronizer 下载数据。

②通过控制器连接接收机,数据先下载到控制器上然后再复制到 U 盘或计算机里。

(5)应用 TBC(Trimble Business Center)数据后处理软件解算下载的数据。

3. R8 GNSS 接收机的实时动态测量

RTK 平面和高程控制测量适用于布测外业数字测图和摄影测量与遥感的基础控制点,RTK 地形测量适用于外业数字测图的图根测量和碎部点数据采集。R8 GNSS 接收机与 TSC3 控制器连接(TSC3 控制器安装的是 Trimble Access 软件)进行实时动态测量。

1)R8 GNSS 接收机与 TSC3 控制器蓝牙连接

在 Trimble Access 主界面下 $\xrightarrow{选择}$ 设置 $\xrightarrow{选择}$ 连接 $\xrightarrow{选择}$ 蓝牙 $\xrightarrow{选择}$ 配置,添加新设备,选择 R8-3 接收机序列号 $\xrightarrow{选择}$ 下一步 $\xrightarrow{选择}$ 保存 $\xrightarrow{选择}$ OK $\xrightarrow{选择}$ 接受,返回设置界面,如图 2.17.6 所示。

＊接收机序列号在主机底部,如果已经连过该接收机,就在连接到 GNSS 接收机的下拉列表里选择。

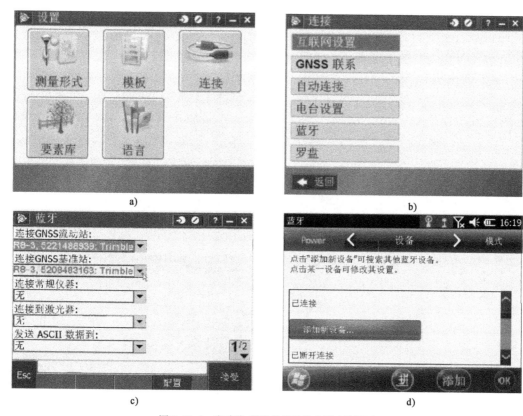

图 2.17.6　流动站、基准站接收机蓝牙连接设置

2）设置测量形式

在主界面$\xrightarrow{选择}$设置$\xrightarrow{选择}$测量形式$\xrightarrow{选择}$RTK$\xrightarrow{选择}$编辑。

（1）选择设置基准站选项。

选择或输入测量类型［RTK］、播发格式［CMR$^+$］、测站索引［7］（自定义）、截止高度角［10°］（自定义）、天线类型［R8 GNSS/SPS88x］，见图 2.17.7a）；翻页选择测量到［护圈的中心］、天线高［空］（设置基准站时再输入）、GNSS 信号跟踪：选择 GPS L2C［√］和 GLONASS［√］，点击接受见图 2.17.7b）。

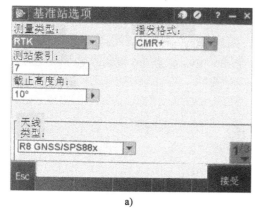

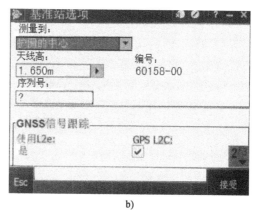

a)　　　　　　　　　　　　　　　　　　　b)

图 2.17.7　编辑 RTK 基准站选项

（2）选择设置基准站电台。

①选择"类型"［自定义电台］、接收机端口［端口 1］、波特率［38 400］、奇偶校验［无］,点

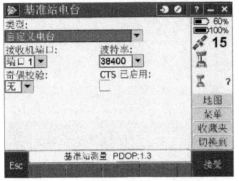

击接受后存储。如图 2.17.8 选择 RTK 基准站自定义电台。

②选择"类型"［Trimble 接收机内置］,选择"方法"［Trimble450/900］;点击"连接",选择"频率",选择"基准站电台"模式［TT450s 在 9 600bps］,点击"接受",点击"存储"。如图 2.17.9 选择 RTK 基准站内置电台。

③选择"类型"［互联网连接］。

※三种方法任选其一。

图 2.17.8　RTK 基准站自定义电台

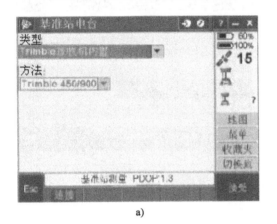

a)

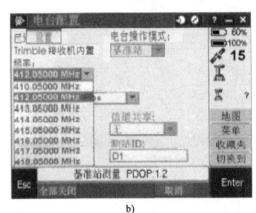

b)

图 2.17.9　RTK 基准站内置电台

（3）选择设置流动站选项。

选择测量类型［RTK］、播发格式［CMR⁺］、使用测站索引［任何］、提醒测站索引［√］,选择 2/4 页默认,选择 3/4 页天线类型［R8 GNSS/SPS88x］、测量到［天线座底部］、天线高［2.000m］(流动站固定高度）,GNSS 信号跟踪:选择 GPS L2C［√］和 GLONASS［√］,点击"接受",如图 2.17.10 所示。

（4）选择设置流动站电台。

类型［Trimble 内置］、方法［Trimble 450/900］,如图 2.17.11 流动站电台选项,点击"连接",配置电台频率,选"基准站电台模式"［TT450s 在 9600bps］,点击"接受",点击"存储",流动站电台已配置,RTK 测量形式配置完毕。

3）设置任务与投影参数

在 TSC3 控制器主界面选择［常规测量］$\xrightarrow{\text{选择}}$［任务］$\xrightarrow{\text{选择}}$新任务$\xrightarrow{\text{输入}}$任务名,模板:选［Default］(后续使用时可选最后使用的）,见图 2.17.12。

选择［属性］如下:

（1）点击"坐标系统:"

①设置比例系数(默认［1.000 000 000 0］）。

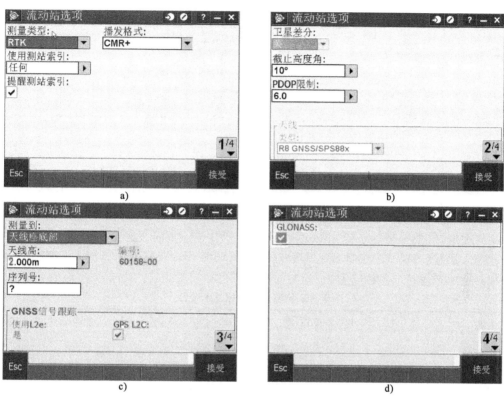

图 2.17.10　RTK 流动站选项

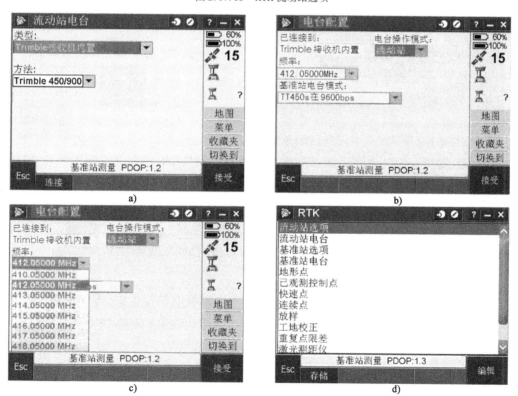

图 2.17.11　流动站电台选项

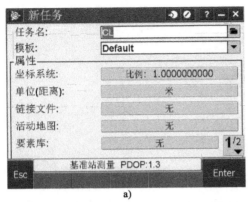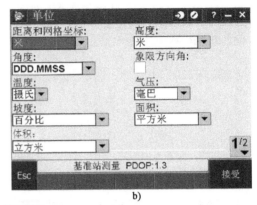

图 2.17.12　设置任务

②从库选择(选择坐标系统:[China]、区域:选择 3 度或 6 度投影带[Beijing 1954])。

③键入参数(可输入三参数或七参数),在知道坐标系的情况下选择键入参数,常用的大地坐标系地球椭球基本参数见表 2.17.3。

**大地坐标系地球椭球基本参数**　　　　　　　　　　　　　　　　　　表 2.17.3

| 坐　标　系 | 1980 年西安坐标系 | 1954 年北京坐标系 | WGS-84 大地坐标系 |
|---|---|---|---|
| 长半轴 $a$(m) | 6 378 140 | 6 378 245 | 6 378 137 |
| 短半轴 $b$(m) | 6 356 755.288 2 | 6 356 863.018 8 | 6 356 752.314 |
| 扁率 $\alpha$ | 1/298.257 | 1/298.3 | 1/298.257 223 563 |
| 第一偏心率平方 $e^2$ | 0.006 674 384 999 59 | 0.006 693 421 622 966 | 0.006 694 379 990 13 |
| 第二偏心率平方和 $e'^2$ | 0.006 739 501 819 47 | 0.006 738 525 414 683 | 0.006 739 496 742 227 |

④无投影/无基准,[工地校正]坐标:[网格],项目高度:[测区大概高度或 0.000m];(适用于绝大多数的 RTK 测量,已知条件是我们知道已知点的点位和 $X$、$Y$、$Z$ 坐标)

⑤播发 RTCM:用于接收 cors 中心播发基准转换参数和水准面参数,可以获取当地地方坐标。

(2)点击"单位(距离):"中国默认的单位,可以修改;

(3)点击"链接文件":导入已知点的坐标文件,在[属性]第二页可以输入参考、描述、操作员、注释等信息。点击"接受",完成设置,按回车键返回。

4)键入已知点坐标

在主界面选"常规测量" $\xrightarrow{选择}$ 键入 $\xrightarrow{选择}$ 点,显示"点"输入坐标界面,点击"选项",选择"网格"或"WGS84"坐标,输入坐标数据,点击"Enter",点击"存储",见图 2.17.13。

5)启动基准站接收机

在主界面选"常规测量" $\xrightarrow{选择}$ 测量 $\xrightarrow{选择}$ RTK $\xrightarrow{选择}$ 启动基准站接收机,等待 TSC3 控制器用蓝牙自动连接已配置的基准站 GNSS 接收机,进入"启动基准站"界面,输入基准站点名。点击 ▶:

①选择[列表]:选取已输入的已知点。

②选择[键入]:输入未知点的点号。

点击"选项",[坐标视图](见表 2.17.4)选取[WGS84],点击"接受";点击"此处",获取

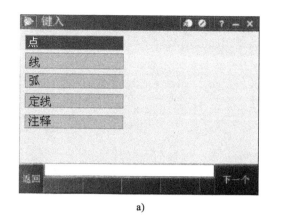
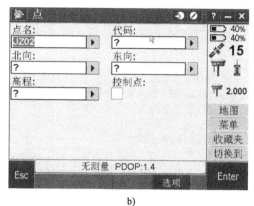

a)                        b)

图 2.17.13　键入已知点坐标

WGS84 坐标,点击"存储";输入"天线高"[1.650m](按实际量取),选择"测量到:"[护圈的中心]或[天线座底部],输入"测站索引"[7];选择"发射延迟"[0 ms];点击"开始";基准站已启动,点击"确定"。见图 2.17.14 基准站的启动。

坐 标 视 图

表 2.17.4

| 选　　项 | 描　　述 |
| --- | --- |
| WGS84 | WGS-84 纬度、经度和高度 |
| 当地 | 当地椭球纬度、经度和高度 |
| 网格 | 纵坐标、横坐标和高程 |
| 网格(当地) | 相当于变换的作为北向、东向和高程的视图 |
| 桩号和偏移量 | 桩号、偏移量、或相对于线、弧、定线、道路或隧道的垂直距离 |
| Az VA SD | 方位角、垂直角和斜距 |
| HA VA SD(原始) | 水平角、垂直角和斜距 |
| Az HD VD | 方位角、水平距离和垂直距离 |
| HA HD VD | 水平角、水平距离和垂直距离 |
| 网格变化量 | 从仪器点的纵坐标、横坐标和高程中的差值 |

＊基准站启动后,注意查看电台 TX 灯是否发射正常(均匀闪烁);使用接收机内置电台,接收机面板上电台指示灯闪烁。

6)启动流动站接收机

在启动流动站之前,检查流动站电台频率和电台模式与基准站电台设置一致。

【方法一】在主界面选"常规测量"$\xrightarrow{选择}$测量$\xrightarrow{选择}$RTK$\xrightarrow{选择}$测量点,等待 TSC3 控制器用蓝牙自动连接已配置的流动站 GNSS 接收机,如图 2.17.15 启动流动站接收机在"选择基准站"界面显示:"索引 7"(索引自定义)、"可靠性 100%",点击"接受",开始测量。

【方法二】在主界面选"常规测量"$\xrightarrow{选择}$仪器$\xrightarrow{选择}$GNSS 功能$\xrightarrow{选择}$开始测量$\xrightarrow{选择}$RTK(蓝牙自动连接 GNSS 接收机)$\xrightarrow{等待生成基准站列表}$接受$\xrightarrow{开始测量}$ESC,流动站接收机完成初始化。如图 2.17.16 所示。

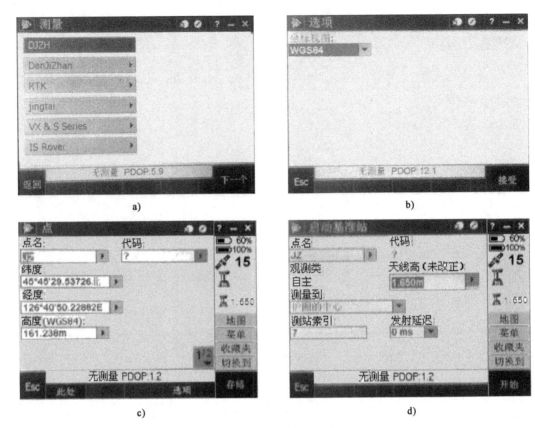

图 2.17.14 基准站的启动

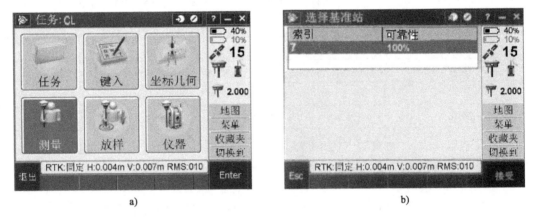

图 2.17.15 启动流动站接收机显示

7）流动站的工地校正

流动站工地校正目的是为了求三参数或七参数,当测区面积较小时,控制点及坐标已知,用三参数即可,方法如下:

①如果测区有三参数或七参数直接输入使用。

②若有已知点数据,则输入 3 个已知控制点三维坐标,校正时可以得到平面控制;输入 4 个已知控制点坐标,平面和高程均得到控制,并且要求控制点分布在测区周围。

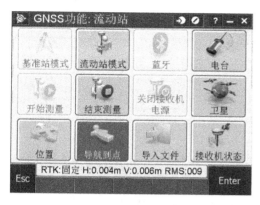

图 2.17.16 启动流动站 GNSS 接收机

步骤:在主界面选"常规测量"$\xrightarrow{\text{选择}}$测量$\xrightarrow{\text{选择}}$RTK$\xrightarrow{\text{选择}}$工地校正。进入"工地校正"界面,点击"添加";进入"校正点"界面,选择"网格点名";点击▶选择"列表"选择网格控制点点号,选择"GNSS 点名";点击▶选择"列表"选择 WGS84 坐标控制点点号(若没有 WGS84 坐标,点击▶选择"测量"到点上采集),自动选择"使用"[水平和垂直];添加点结束,显示水平残差和垂直残差,精度满足要求;点击"应用",完成工地校正。如图 2.17.17 所示。

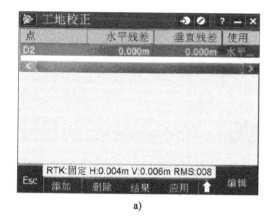

a)

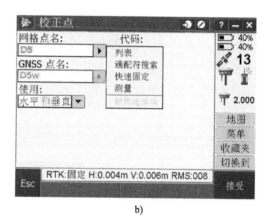

b)

图 2.17.17 工地校正添加校正点

8)测量

测量得到点的"当地工地"的三维坐标及 WGS84 坐标(纬度、经度、WGS84 高度)。

在主界面选择"常规测量"$\xrightarrow{\text{选择}}$测量$\xrightarrow{\text{选择}}$RTK$\xrightarrow{\text{选择}}$测量点,进入"测量点"界面,输入"点名",可以编写代码,天线高固定不必输入,点击"测量",显示"RTK:固定"自动存储,点名自动增加;再点击"测量"继续测量下一个点。点击"ESC"退出测量界面,选择"任务",选择"点管理器"查看所有类型的点,查看点的网格坐标、WGS84 坐标的纬度、经度和高度、测量时间和精度、使用的卫星数等。图 2.17.18 测量。

\* 点击"选项"可以更改"自动点间隔大小"、"观测次数"、"观测时间"等。

9)放样

在主界面选择"常规测量"$\xrightarrow{\text{选择}}$放样$\xrightarrow{\text{选择}}$点,进入放样点界面。选择点进行放样,如果点不存在点击"添加",选择"从列表选择"添加点,在列表中选择放样的点,点击"添加",再选择点,点击"放样"进行放样。放样点界面中提示点名称,当前位置移动方向提示:往东、南、西、北或垂距;当前高程,点击"选项"可以对放样进行设置,见图 2.17.19。

当点进入 3m 范围内时,箭头变成"靶图"⊕目标,点击"测量",放样点代码变成放样点点名,确定已放样点的变化量,点击"存储"完成放样。

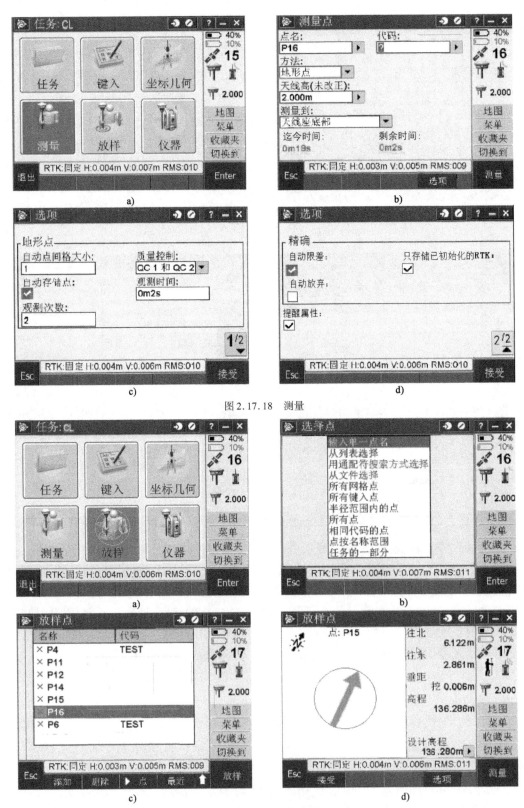

图 2.17.18　测量

图 2.17.19　放样

点击退出$\xrightarrow{\text{选择}}$测量$\xrightarrow{\text{选择}}$结束 GNSS 测量$\xrightarrow{\text{选择}}$关闭接收机电源(将接收机电源直接关闭)。

＊可以放样直线、弧、道路等。测量和放样进行时接收机电台指示灯闪烁,一定要在"固定解"状态下才可以准确放样。

10)TSC3 手簿中 RTK 测量数据的传输

将 RTK 测量的数据从 TSC3 控制器的文件中导出,变成 ＊.CSV 文件格式,在手簿上操作顺序:常规测量$\xrightarrow{\text{选择}}$任务$\xrightarrow{\text{选择}}$打开任务$\xrightarrow{\text{选择}}$文件名$\xrightarrow{\text{选择}}$导入/导出$\xrightarrow{\text{选择}}$导出固定格式$\xrightarrow{\text{选择}}$文件格式[逗号定界( ＊.CSV, ＊.TXT)]$\xrightarrow{\text{选择}}$文件夹。更改设置点名、点代码、北向、东向、高程排列顺序,点击"接受",显示"选择点"。图 2.17.20 为导出固定格式、选择点界面,选择需要导出的点,传送完成$\xrightarrow{\text{选择}}$OK 确定;或者选择图 2.17.21 导出自定义格式[CSV with attributes],点击"接受",导出文件格式:点号,北坐标,东坐标,高程,可以直接编辑和使用。

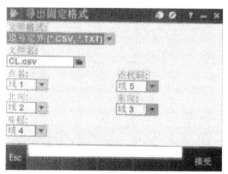
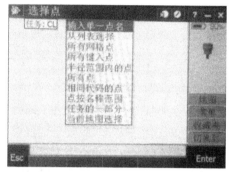

图 2.17.20　导出固定格式、选择点

将可以读取和编辑的数据传输到电脑中。RTK 测量数据传输方式有两种:

(1)TSC3 控制器与计算机连接的方式。

在电脑上安装同步程序 Microsoft Active-Sync、Office Synchronizer 软件。用 USB 数据线连接 TSC3 控制器和计算机。

①启动 Office Synchronizer,点击"工具",选择"设备安装",在计算机上设置一个与 TSC3 控制器同步的文件夹,确定。设置同步文件夹见图2.17.22。

②选择同步数据文件,点击右键,选择下

图 2.17.21　导出自定义格式

载。数据下载到计算机设置的文件夹中,可直接查看计算机文件位置,文件下载见图 2.17.23。

③启动 Active Sync,在菜单上选择文件,连接设置,选择允许 USB 连接,确定。连接设置见图 2.17.24。

④点击 浏览 ,选择移动设备中文件,可直接拖到计算机文件夹中即同步传输。数据同步传输见图 2.17.25。

⑤点击"工具",选择"选项"。选择与计算机同步的信息,见图 2.17.26 同步文件设置,点

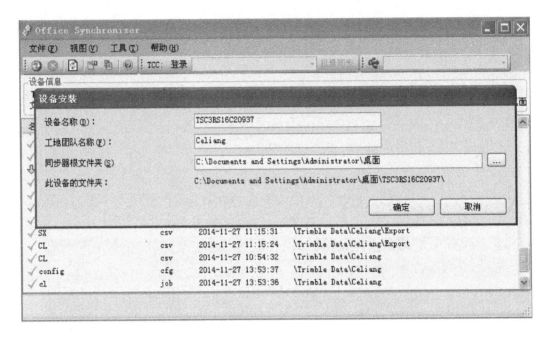

图 2.17.22　设置同步文件夹

击"设置",弹出对话框,选择"添加",选择电脑中文件,点击"确定",即同步传输数据。

　　⑥点击 Active Sync 视窗 PC 文件📁文件,可直接添加文件,点击"添加"后"确定",添加同步文件见图 2.17.27,即同步传输到 TSC3 控制器中。文件在 TSC3 控制器与计算机之间同步传输。

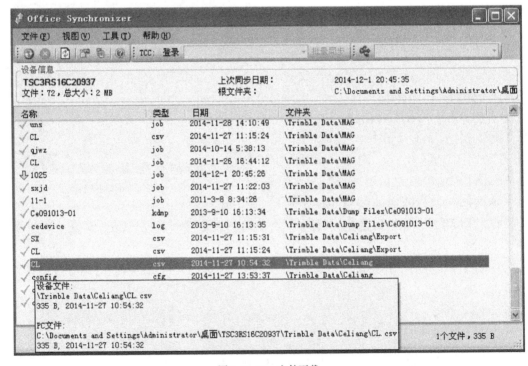

图 2.17.23　文件下载

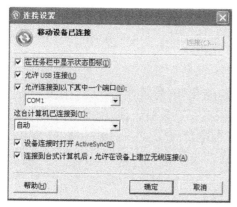

图 2.17.24 连接设置

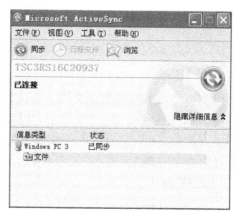

图 2.17.25 数据同步传输

图 2.17.26 同步文件设置

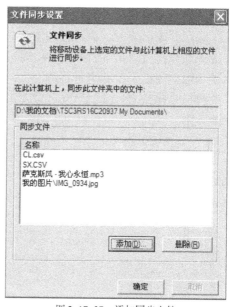

图 2.17.27 添加同步文件

（2）直接用 U 盘拷贝的方式。

打开 TSC3 控制器进入 Trimble Access 主界面,点击"文件",在我的设备选 Trimble Data 文件夹,再选择项目(Celiang)文件夹,长按点击文件名(CSV 格式)$\xrightarrow{\text{选择}}$复制$\xrightarrow{\text{选择}}$向上$\xrightarrow{\text{选择}}$向上$\xrightarrow{\text{选择}}$我的设备$\xrightarrow{\text{选择}}$硬盘$\xrightarrow{\text{选择}}$菜单$\xrightarrow{\text{选择}}$编辑$\xrightarrow{\text{选择}}$粘贴,数据传输到 U 盘。

同样可以将数据拷贝到 TSC3 控制器中,在资源管理器选硬盘,选文件名(CSV 格式),点击菜单$\xrightarrow{\text{选择}}$编辑$\xrightarrow{\text{选择}}$复制,返回我的设备选 Trimble Data 文件夹,打开项目(Celiang)$\xrightarrow{\text{选择}}$菜单$\xrightarrow{\text{选择}}$编辑$\xrightarrow{\text{选择}}$粘贴,数据传输到 TSC3 控制器中。见图 2.17.28。

数据按需要的格式下载,*.csv 或 *.txt 格式

图 2.17.28 资源管理器

文件可以编辑成 *.dat 格式文件,在 CASS 测量软件中打开,展绘点,进行绘图;传输到 CAD 中进行绘图。

### 四、注意事项

(1)GNSS 接收机是目前世界上科技含量最高的测量仪器,使用时要特别注意爱护。

(2)GNSS 接收机与电台连接时,外接电源正、负极不要连接错误,以免损坏仪器。开始作业时要先连接主机与天线、GNSS 接收机与电台、电台与电台天线,然后打开主机,打开电台。

结束作业时要先关主机、关电台,然后再撤各种连接线。

(3)作业时注意事项:

①基准站与控制点的 84 坐标必须是同套坐标数据。

②在采集控制点进行坐标转换参数计算或在采集点时,要得到固定解才可接受。

③在启动流动站前,检查流动站电台频率和无线电模式与基准站电台设置一致。

④观测开始前应对仪器进行初始化,并得到固定解。

⑤工地校正后点击"应用",RTK 测量才能正常进行。RTK 的流动站不宜在隐蔽地带、成片水域和强电磁波干扰源附近观测。

⑥数据传输到 CAD 或 CASS 绘图软件中时一定要注意转换 $X(N)$、$Y(E)$ 坐标位置,否则与实地不附。

# 实验报告 GNSS 接收机的使用

RTK 测量求解转换参数需要几个已知点坐标。

**GNSS 接收机观测记录**

日期：　　　　　仪器型号：　　　　　观测者：

| 观测点 | 观测点当地坐标 | | | WGS84 坐标 | | |
|---|---|---|---|---|---|---|
| | $X/N$（m） | $Y/E$（m） | $Z/H$（m） | 纬度（°　′　″） | 经度（°　′　″） | 高度（m） |
| | | | | | | |
| | | | | | | |
| | | | | | | |
| | | | | | | |
| | | | | | | |
| | | | | | | |
| | | | | | | |
| | | | | | | |
| | | | | | | |
| | | | | | | |
| | | | | | | |
| | | | | | | |
| | | | | | | |
| | | | | | | |
| | | | | | | |
| | | | | | | |
| | | | | | | |
| | | | | | | |
| | | | | | | |
| | | | | | | |
| | | | | | | |
| | | | | | | |
| | | | | | | |
| | | | | | | |
| | | | | | | |
| | | | | | | |
| | | | | | | |
| | | | | | | |
| | | | | | | |

指导教师　　　　　　日期

# 第三部分　测量实习项目

测量实习是测量学教学的重要组成部分,目的是巩固和深化课堂所学的测量学知识,使同学们能够熟练地掌握测量仪器的操作,施测计算,地形图绘制,纵、横断面图绘制以及测设等基本技能。通过实习的锻炼能够提高同学们的业务组织能力和实际工作能力,并可培养出科学的工作态度和严谨的工作作风,为今后解决实际工程中有关测量方面的问题奠定基础。

## 一、测量实习的任务和要求

(1)测绘大比例尺地形图一张,图幅 40cm×50cm,比例尺 1:500。

(2)测绘大比例尺带状地形图一张,图幅 10cm×100cm,比例尺 1:1 000。

(3)在大比例尺地形图上布设一幢民用建筑物,面积不小于 400m²,再根据建筑物的平面位置设计一条建筑基线,要求计算出测设建筑基线及建筑物轴线交点的数据,将设计的建筑物测设到实地并检核合格,测设 ±0 高程。

(4)建筑物沉降观测,用数字水准仪按三、四等水准测量的精度要求,从一个已知高程的水准点出发,选定一条闭合水准路线,测量各个建筑物上布设的水准点,计算出高程,与已知高程数据进行比对,计算沉降量。

(5)测绘管线纵断面图,长度为 1~1.2km,绘图水平距离比例尺为 1:1 000,高程比例尺为 1:100。

(6)测绘道路纵断面图,长度为 1~1.2km,绘图水平距离比例尺为 1:1 000,高程比例尺为 1:100。测绘道路横断面图,在中线两侧各测 20m,绘图比例尺 1:100。

## 二、测量实习的地点和组织

地点:实习基地或由指导教师指定实习场地。

组织:实习期间的组织工作由主讲教师全面负责,每班配备 1 名指导教师。实习工作按小组进行,每组 6~8 人,选正、副组长各 1 名,组长负责组内的测量工作及仪器管理。也可根据实习的具体内容及仪器设备条件灵活安排。

## 三、测量仪器和备品的检验与管理

每个实习小组从测量中心领取仪器和备品,因数量较多,要仔细核对数量和编号;一般性的检验仪器,要查看钢尺、皮尺、水准尺等是否齐全,组长签字。

测量仪器的各项指标直接影响着测量数据的精度和误差,因此测量前应对仪器进行以下项目的检验和校正:

1. 水准仪

(1)圆水准器轴平行于竖轴的检验校正;

(2)十字丝横丝垂直于竖轴的检验校正;

（3）视准轴平行于水准管轴的检验校正。

2. 经纬仪

（1）照准部水准管轴垂直于竖轴的检验校正；

（2）十字丝竖丝垂直于横轴的检验校正；

（3）视准轴垂直于横轴的检验校正；

（4）横轴垂直于竖轴的检验；

（5）检验竖盘自动归零补偿器是否有效及竖盘指标差的检校；

（6）光学对中器的检验校正。

实习期间的仪器和备品由各小组管理。每天出发前和实习结束后均应清点仪器和备品的数量，钢尺用后擦干净。实习中仪器有故障，要及时与指导教师沟通，以免影响进度。实习期间若丢失损坏仪器或备品，要按规定进行赔偿。

## 四、测量实习注意事项

（1）作为一名测绘工作者必须学会正确使用仪器，爱护并保管好仪器，不要坐仪器箱。

（2）按时领用、归还仪器，按时完成测量任务，无故缺勤者无成绩。

（3）观测记录一律使用铅笔，不准涂改。

（4）每一项测量后数据要及时进行计算，原始记录、资料、成果要妥善保管。

（5）实习前做好预习，按计划进行测量工作。

## 五、测量实习的计划安排

根据各专业要求和教学计划的安排，土木工程、工程管理、城市规划、景观学专业做实习一、实习二；给水与排水专业做实习一、实习三；道路桥梁与渡河工程、交通工程专业做实习一、实习四；建筑环境与设备工程专业做实习三；交通信息与控制工程专业做实习四。

实习时间一般 2 周，计划安排见表 3.0.1 仅供参考。具体日程由各专业的指导教师根据不同专业做具体布置。

**实习计划安排表** 表 3.0.1

| 实 习 项 目 | 实 习 时 间 | 备　　注 |
| --- | --- | --- |
| 实习动员、借领仪器、仪器检校、现场踏勘 | 1~1.5 天 | —— |
| 大比例尺地形图测绘 | 4~6 天 | 土木工程、工程管理、城市规划、景观学等专业 |
| 大比例尺带状地形图测绘 | 4~6 天 | 给水与排水工程、道路桥梁与渡河工程、交通工程专业 |
| 管线纵断面图测绘、道路纵、横断面图测绘 | 3~5 天 | 给水与排水工程、道路桥梁与渡河工程、交通工程、建筑环境与设备工程、交通信息与控制工程等专业 |
| 建筑物轴线测设与高程测、设建筑物沉降观测 | 2~3 天 | 土木工程、工程管理、城市规划、景观学等专业 |
| 大型精密测绘仪器的使用 | 2~3 天 | 数字水准仪、电子全站仪、GPS 接收机、GNSS 接收机 |

| 实 习 项 目 | 实 习 时 间 | 备　注 |
|---|---|---|
| 机动 | 0.5 ~ 1 天 | — |
| 实习总结、考核 | 0.5 ~ 1 天 | — |

### 六、上交资料

实习结束时需整理测量资料,对外业观测记录表进行编号并装订成册。封面标明班组、测绘者、测绘日期等信息。

1. 小组应交资料

(1)选点草图、水准测量记录及计算成果、水平角观测记录及成果、距离丈量记录表、导线坐标计算表、视距测量记录及计算表、地形图。

(2)建筑基线及建筑物轴线测设草图(测设精度)、±0 高程测设数据;设计并计算的建筑基线和建筑物轴线的测设数据;沉降观测成果表。

(3)圆曲线、缓和曲线详细测设数据。

2. 个人应交资料

(1)纵断面图;

(2)横断面图;

(3)实习总结。

### 七、实习成绩评定

实习结束后,教师要对每个学生进行口试,时间安排在实习结束的最后一天。评定成绩是按工作态度、图面与资料情况、仪器操作情况、出勤情况以及口试成绩等五个方面综合加以评定。按百分制执行。

# 实习一　大比例尺地形图测绘

(1)测图面积:200m × 250m

(2)测图比例尺:1∶500

## 一、图根控制测量外业

图根控制测量是测量地形图的基础。该测量需要进行平面控制测量,获得图根控制点的平面坐标;进行高程控制测量,获得图根控制点的高程。

1. 选点埋桩

(1)每个小组在指定测区内选 4 ~ 8 个图根控制点,组成闭合导线或附合导线形式,作为平面控制。

（2）控制点要选在土质坚硬、易于保存、视野开阔的地方，且相邻导线点间要通视良好、距离大致相等、易于测角和量边。

（3）可增设支导线点。导线平均边长在100m左右。

（4）用小钢钉钉入地面（或小木桩画上十字），作为点的标志。

（5）在地面上或木桩上用油漆写上编号，用皮尺量出2～3个从此点到永久的固定建筑物或构筑物特征点之间的距离。

（6）绘出选点草图。

2. 水平角观测

用TDJ6E型光学经纬仪，测回法测定导线内角。要求上、下半测回角值之差$\Delta\beta \leqslant \pm 40''$，角度闭合差为$f_\beta \leqslant \pm 60''\sqrt{n}$。

3. 钢尺量距

用钢尺沿地面往、返丈量导线各边边长，其相对精度要满足如下条件，即

$$k = \frac{|D_往 - D_返|}{D_平} \leqslant \frac{1}{3\ 000}$$

若地面坡度$i \geqslant \frac{1}{100}$，要进行倾斜改正。

4. 高程控制测量

高程控制点使用图根控制点，为了使控制点的高程在一个高程系，其高程由测区或附近的水准点引测，将图根导线点与已知高程点组成闭合水准路线或附合水准路线进行图根水准测量，用DS₃型或自动安平水准仪，双仪高法（或双面尺法）每测站的高差之差$\Delta h \leqslant \pm 6$mm，水准路线的高差闭合差$f_h \leqslant \pm 12\sqrt{n}$ mm。

5. 连测

为了使图根控制点的坐标纳入高级控制点坐标系，图根导线要与测区内或附近的一级导线点连测，获取已知的起始方向和坐标。否则，用罗盘仪测定导线起始边的磁方位角，假定起始点的坐标作为起算数据。

## 二、图根控制测量内业

（1）经过检核后的外业观测数据（水平角和距离）及连测点的已知坐标填入导线坐标计算表中，计算出导线点坐标（见作业一）。导线全长相对闭合差为$K \leqslant 1/2\ 000$。

若不满足要求，必须查明原因，重新测量部分观测数据，重新计算；坐标精度取至cm。

（2）检核水准测量手簿，若高差闭合差满足限差，计算控制点的高程，高程精度取至mm。若不能引测高程，可采用假定高程。

（3）绘制坐标方格网。用坐标格网尺绘制40cm×50cm的坐标方格网，线宽为0.1mm。方格网的边长误差 < ±0.2mm，对角线长度误差 < ±0.3mm。

（4）展绘导线点。根据地形图分幅情况确定图幅西南角坐标值，西南角坐标值为50m的整数倍。根据导线点的坐标值展绘导线点。导线点的符号按地形图图式符号绘制，展绘的精度要求为相邻导线点间的图上距离与量取的实地图上距离比较，在图上误差 < ±0.3mm。

### 三、地形图测绘

**1. 地形图测绘方法及要求**

采用经纬仪测回法或全站仪坐标测量方法测图。

(1)经纬仪测绘法测图,用较远的控制点标定方向,每站测图过程中随时检查定向点方向,要求水平度盘归零差在4′之内。

对于地物点、地形点视距最大长度按表3.1.1限差要求。为了与相邻图幅拼接,需测出图边5mm。丘陵地区高程注记点间距按表3.1.2限差要求。

(2)各单位的出入口及建筑物的重点部位应测注高程点。主要道路中心线和交叉、转折、起伏变换处,建筑物墙基角和相应的地面、管道检查井井口、广场、较大庭院内或空地上及其他地面倾斜变换处,均应测量标注高程点。

(3)地形图上的线划、符号和注记一般在现场完成。

**地物点、地形点视距最大长度**　　　　表3.1.1

| 比例尺 | 视距最大长度(m) | | 测距最大长度(m) | |
|---|---|---|---|---|
| | 地物点 | 地形点 | 地物点 | 地形点 |
| 1:500 | — | 70 | 80 | 150 |
| 1:1 000 | 80 | 120 | 160 | 250 |
| 1:2 000 | 150 | 200 | 300 | 400 |

注:1:500比例尺测图地物点距离采用皮尺最大长度为50m;山地可按地形点要求;用数字化成图或坐标展点成图时其测距最大长度按表地形点放长1倍。

**丘陵地区高程注记点间距**　　　　表3.1.2

| 比例尺 | 1:500 | 1:1 000 | 1:2 000 |
|---|---|---|---|
| 高程注记点间隔(m) | 15 | 30 | 50 |

注:平坦及地形简单地区可放宽1.5倍,地貌变化较大的丘陵地区、山地与高山应适当加密。

**2. 地形图测绘内容**

(1)各类建筑物、构筑物及其主要附属设施均应测绘,房屋外廊以墙角为准。建筑物、构筑物轮廓凸凹部分在图上<0.5mm时,可用直线连接。

(2)道路的直线部分每50m测定一个点,转弯部分要按实际情况测定足够的点。

(3)地理名称及各种注记均应标明。

(4)各种管线的检修井,电力线路、通信线路的杆(塔),架空管线的固定支架,应测出位置,并适当测量高程点并注记。电力线、通信线可不连线,仅在杆位或分线处绘出线路方向。

(5)行树测出首尾位置,中间用符号表示,独立树、散树、灌木等也应表示出来。围墙、栅栏等均应按实际形状测绘。临时建筑物、堆料场、建筑施工开挖区可不测。

**3. 地形图的检查**

地形图检查是保证测图质量的重要环节,每个实习小组对地形图进行自检,到现场对照比较,检查图上地物形状、位置是否与实地一致,地物是否遗漏,名称注记是否正确齐全。若发现问题应设站检查或补测。

### 4. 地形图的整饰

按地形图图式要求进行整饰,地形点的高程,注记至 cm。文字、数字的字头朝北,字体用等线体,字体大小可参考地形图图式规定。图廓整饰注明测图班级、测图成员、测图日期、比例尺、编号、坐标及高程系统等。

### 5. 用 CAD 或 CASS 软件绘制地形图注意事项

(1)用 CAD 绘图时图廓及坐标格网的绘制,应采用输入坐标的方法由绘图软件按理论值自动生成;格网线在 50m 的整数倍上;符号、文字、数字、注记要考虑出图比例尺;按出图比例尺绘图。

(2)用 CASS 软件选择自动生成标准的内外图廓线和格网线,可选择按比例出图。

# 实习二　建筑物轴线测设与高程测设

## 一、地形图应用

### 1. 作业要求

每组在地形图上布设民用建筑物一幢,其建筑面积不小于 $400m^2$,标注轴线交点的设计坐标及室内地坪高程( $±0$ 高程)。

### 2. 布设建筑基线

在图上布设一条平行于建筑物主要轴线的三点一字型建筑基线,用图解法求出其中一点的坐标(见图 3.2.1 中的 $O$ 点),另外 $A$、$B$ 点的坐标根据设计距离及坐标方位角推算。

(1)在地形图上用图解法求得 $O$、$O''$ 坐标(或在 CAD 图中选取);

(2)计算 $OO''$ 坐标方位角即

计算象限角: $R_{OO''} = \arctan \dfrac{Y_{O''} - Y_O}{X_{O''} - X_O} = \arctan \dfrac{\Delta Y_{OO''}}{\Delta X_{OO''}}$

坐标方位角: $\alpha_{OO''} = R_{OO''}$(增量正负号为 $\dfrac{+\Delta Y}{+\Delta X}$,$\alpha$ 在第 Ⅰ 象限)

$$\alpha_{OO''} = 180° - R_{OO''}(\text{增量正负号为} \dfrac{+\Delta Y}{-\Delta X}, \alpha \text{ 在第 Ⅱ 象限})$$

$$\alpha_{OO''} = 180° + R_{OO''}(\text{增量正负号为} \dfrac{-\Delta Y}{-\Delta X}, \alpha \text{ 在第 Ⅲ 象限})$$

$$\alpha_{OO''} = 360° - R_{OO''}(\text{增量正负号为} \dfrac{-\Delta Y}{+\Delta X}, \alpha \text{ 在第 Ⅳ 象限})$$

* 根据 $\dfrac{\Delta Y}{\Delta X}$ 增量的正负符号判断方位角所在象限,用象限角计算方位角。

(3)根据设计距离及角度计算 $OA$、$OB$ 边坐标方位角及 $A$、$B$ 点坐标即

坐标方位角: $\qquad\qquad \alpha_{OA} = \alpha_{OO''} - 90°(\text{右角})$

$\qquad\qquad\qquad\qquad\quad \alpha_{OB} = \alpha_{OO''} + 90°(\text{左角})$

$A$ 点坐标: $\qquad\qquad\qquad X_A = X_O + D_{AO} \cdot \cos\alpha_{OA}$

$$Y_A = Y_O + D_{AO} \cdot \sin\alpha_{OA}$$

$B$ 点坐标：

$$X_B = X_O + D_{OB} \cdot \cos\alpha_{OB}$$

$$Y_B = Y_O + D_{OB} \cdot \sin\alpha_{OB}$$

（4）根据已知控制点 1、2 及 $A$、$B$ 点坐标，计算 $AOB$ 基线的测设数据，见图 3.2.1 中的角度和距离，即

计算坐标方位角：

$$\alpha_{12} = \arctan\frac{Y_2 - Y_1}{X_2 - X_1}$$

$$\alpha_{1A} = \arctan\frac{Y_A - Y_1}{X_A - X_1}$$

$$\alpha_{1O} = \arctan\frac{Y_O - Y_1}{X_O - X_1}$$

$$\alpha_{1B} = \arctan\frac{Y_B - Y_1}{X_B - X_1}$$

测设方向与已知方向间夹角：

$$\beta_1 = \alpha_{1A} - \alpha_{12}$$

$$\beta_2 = \alpha_{1O} - \alpha_{12}$$

$$\beta_3 = \alpha_{1B} - \alpha_{12}$$

已知点到测设点的距离：

$$D_1 = \frac{Y_A - Y_1}{\sin\alpha_{1A}} = \frac{X_A - X_1}{\cos\alpha_{1A}}$$

$$D_2 = \frac{Y_O - Y_1}{\sin\alpha_{1O}} = \frac{X_O - X_1}{\cos\alpha_{1O}}$$

$$D_3 = \frac{Y_B - Y_1}{\sin\alpha_{1B}} = \frac{X_B - X_1}{\cos\alpha_{1B}}$$

3. 绘制测设草图

绘制一张如图 3.2.1 所示的测设草图，标注所需的测设数据（该草图仅供参考）。

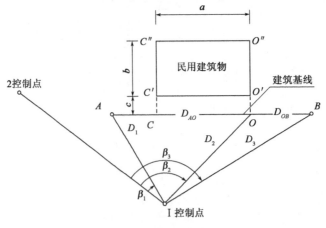

图 3.2.1　建筑物轴线测设

## 二、建筑基线测设

**1. 测设**

用极坐标法将 $A$、$O$、$B$ 三点用木桩标定在地面上。

**2. 检查**

在 $O$ 点安置经纬仪,观测 $\angle AOB$,并且 $\angle AOB - 180° \leqslant \pm 24''$,再丈量 $AO$ 和 $OB$ 的距离,与设计值比较,其相对误差 $K \leqslant 1/10\,000$,否则应进行改正。

**3. 改正**

首先将 $A$、$O$、$B$ 三点调整到一条直线上,再根据设计值在基线方向上调整 $A$、$B$ 点。

## 三、建筑物轴线的测设

**1. 使用经纬仪测设**

用直角坐标法测设出建筑物轴线的交点。

(1)安置经纬仪于 $O$ 点,盘左位置瞄准 $A$ 点,在该方向上从 $O$ 点量水平距离 $a$,打下木桩;再重新用经纬仪标定方向和用钢尺量距在木桩上定出 $C$ 点。

(2)转动水平度盘转盘手轮使水平度盘读数为 $0°00'00''$;顺时针旋转照准部,使水平度盘读数为 $90°00'00''$,在该方向上(稍远一点)打下木桩 $P$,在木桩 $P$ 上标定 $P_1$ 点。

(3)倒转望远镜盘右位置瞄准 $A$ 点,转动水平度盘转盘手轮使水平度盘读数为 $180°00'00''$,顺时针旋转照准部,使水平度盘读数为 $270°00'00''$,在木桩 $P$ 上标定该方向 $P_2$ 点,若 $P_1$、$P_2$ 两点重合(说明仪器误差很小),若 $P_1$、$P_2$ 两点不重合,则取其两点连线的中点 $P_0$。

(4)望远镜瞄准 $P_0$,在该方向上用钢尺从 $O$ 点量水平距离 $c$,打下小木桩;再重新用经纬仪标定方向和用钢尺量距,在木桩上定出建筑物轴线的交点 $O'$;在该方向上用钢尺从 $O'$ 点量水平距离 $b$,打下小木桩;再重新用经纬仪标定方向和用钢尺量距,在木桩上定出建筑物轴线的交点 $O''$。

(5)安置经纬仪于 $C$ 点,盘左(盘右)位置瞄准 $B$ 点,转动水平度盘转盘手轮使水平度盘读数为 $0°00'00''$($180°00'00''$);逆时针旋转照准部,使水平度盘读数为 $270°00'00''$($90°00'00''$);盘左、盘右分中取 $Q_0$ 点。

(6)望远镜瞄准 $Q_0$,按步骤(4)定出建筑物轴线的交点 $C'$、$C''$ 点。

**2. 使用全站仪坐标法测设**

打开全站仪程序菜单,选取文件管理,建立一个作业文件,再将已知控制点 1、2 坐标及建筑物四个角点坐标输入到全站仪已知数据中保存。返回到程序菜单,选择放样,在控制点 1 设站,用控制点 2 坐标定向(或用坐标方位角定向),开始放样,选择放样点点号,输入棱镜高,照准在放样区域立的对中杆测距,根据显示屏箭头指示,循序渐进准确地找到放样点,把小木桩一一钉入地下建筑物轴线交点桩的位置。放样菜单中也可使用极坐标法放样。

**3. 检查**

建筑物轴线长度相对误差 $K \leqslant 1/5\,000$,角度误差 $\Delta \beta \leqslant \pm 1'$,否则应进行改正。

### 四、龙门板的设置及 ±0 高程的测设

当建筑物轴线的交点测设精度满足要求后,在轴线交点的外侧(约 1.5m)设置龙门桩和龙门板,要求龙门板上边缘为 ±0 高程,其高程测设误差要小于 ±5mm。然后用经纬仪将建筑物轴线投测到龙门板上。操作步骤和方法如下:

(1)在一个轴线交点外侧的 $M_1$、$M_2$、$M_3$ 点处各打一大木桩,水准仪安置于已知高程点 $A$ 与龙门桩 $M_1$、$M_2$、$M_3$ 距离大致相等处如图 3.2.2 所示。

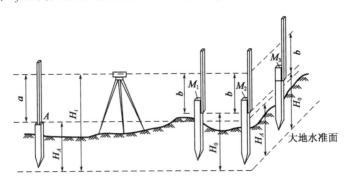

图 3.2.2 高程测设

(2)$A$ 点立水准尺,读取后视读数为 $a$,根据 $A$ 点的高程 $H_A$,求得水准仪的视线高程(仪器高程)为:$H_i = H_A + a$;

(3)计算 $M_1$、$M_2$、$M_3$ 点上水准尺读数:$b = H_i - H_0$($H_0$ 为设计高程)。

(4)分别把水准尺贴在 $M_1$、$M_2$、$M_3$ 木桩侧面并上下移动,使水准仪读数为 $b$,并在水准尺底部画线,线高即为设计高程(或测出桩顶高程后,再确定 $H_0$)。

(5)水准仪再安置在已知点与轴线交点距离大致相等的位置上,测量所有轴线交点的高差并计算高程,测量和测设高程的记录及成果作为资料上交。

(6)将龙门板上边缘分别对准所画的线,固定龙门板,其上边缘既为 ±0 高程。

用同样方法,在其他轴线交点外侧均设置龙门板,并用经纬仪将轴线方向投测到龙门板上边缘,用小钉标志(用于恢复轴线),见图 3.2.3。

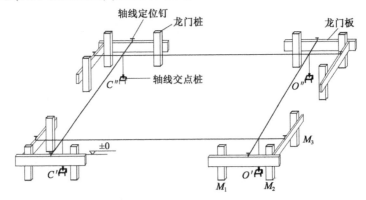

图 3.2.3 设置龙门板

# 实习三　管线纵断面图测绘

纵断面测量的目的是沿管线中心线测得桩点地面高程与相应的各桩桩号绘制成纵断面图。

## 一、中线测量

中线测量的任务是将设计管线的中心线的位置在地面上测设出来。

### 1. 中线主点的标定

管线的起点、终点和转向点称为主点。在地面上确定主点的位置,绘制选点草图。

### 2. 中桩测设

从管线起点开始,沿管线中心线自起点每50m确定一个里程桩,称为整桩,在相邻整桩间有地物穿越或是坡度变化处要设置加桩。用钢尺往返丈量桩间距离,精度为$K \leqslant 1/1\,000$,起点的里程为$0+000$。

### 3. 转向角测量

在主点上安置 TDJ6E 型经纬仪,用测回法一个测回测定右角 $\beta$,要求 $\Delta\beta \leqslant \pm 40''$。计算转向角 $\alpha_{右} = 180° - \beta$; $\alpha_{左} = \beta - 180°$。转向角是线路从一个方向转向另一个方向时,偏转后的方向与原方向间的夹角。向左(右)偏转为左(右)转向角。

### 4. 绘制里程桩手簿

在中桩测设时要测绘管线两侧带状地区的地物和地貌,这种图称里程桩手簿。

测绘管线两侧宽各20m的带状地形图,可用皮尺以交会法、直角坐标法或极坐标法进行。如遇建筑物只需测绘到建筑物的正面线。比例尺为 $1:1\,000$。

## 二、纵断面水准测量

### 1. 基平测量

为了提高测量精度,在管线纵断面水准测量前,沿线路布设足够的水准点,一般每隔 $1 \sim 2\,km$ 设一个永久水准点;在永久水准点间;每隔 $300 \sim 500\,m$ 设立一个临时水准点,作为纵断面水准测量分段附合及施工引测高程的依据。

临时水准点间高差按四等水准测量精度要求,往、返观测,从测区附近水准点引测其高程。高差闭合差

$$f_h \leqslant \pm 20\sqrt{L} \text{ mm } 或 f_h \leqslant \pm 6\sqrt{n} \text{ mm}$$

式中,$L$ 为水准路线长度,以 km 计;$n$ 为测站数。

### 2. 中平测量

以相邻两个临时水准点为一测段,从基平测量的一个临时水准点出发,用一次仪高法测定线路中线上的转点、整桩、加桩的地面高程,再附合到基平测量的另一个临时水准点上。容许闭合差

$$f_h \leqslant \pm 40\sqrt{L} \text{ mm 或 } f_h \leqslant \pm 12\sqrt{n} \text{ mm}$$

转点起传递高程的作用,前、后视读数读至 mm,中间点读数只计算地面高程读至 cm。

### 三、纵断面图绘制

为了明显表示地势变化,纵断面图高程比例尺通常比水平比例尺大 10 倍,高程比例尺为 1∶100,水平距离比例尺为 1∶1 000。以里程为横坐标、高程为纵坐标,按规定的比例尺将外业所测各点绘制在坐标计算纸上(或 CAD 出图),连接各点则为线路的中线的地面线。图的下部注有地面高程、设计高程、坡度、里程、挖深、线路平面等资料。

在纵断面图上设计管径为 300mm 的压力管道,管道的埋深在冰冻线以下。

(参考附图 1　管线纵断面图)

# 实习四　道路纵、横断面图测绘

纵断面测量的目的是沿道路中心线测得桩点地面高程与相应的各桩桩号绘制成纵断面图。

## 一、中线测量

中线测量的任务是把道路中心线的位置在地面上标定出来。

1. 测设中线控制点

道路中线的各交点(包括起点、终点)是详细测设中线的控制点。选定控制点并绘制选点草图。

2. 转向角测量

在交点上安置 TDJ6E 型经纬仪,用测回法一个测回测定线路前进方向的右角 $\beta$,要求 $\Delta\beta \leqslant \pm 40''$。计算转向角 $\alpha_{右} = 180° - \beta$;$\alpha_{左} = \beta - 180°$。转向角是线路从一个方向转向另一个方向时,偏转后的方向与原方向间的夹角。

3. 圆曲线主点测设数据计算

选定圆曲线半径(其中 1~2 个圆曲线,1~2 个带缓和曲线的圆曲线),并计算出圆曲线主点的里程。

4. 中桩(里程桩)测设

沿道路中心线自起点每 50m 确定一个里程桩,称为整桩,在相邻整桩间有地物穿越或是坡度变化处要设置加桩。遇到曲线时先将曲线主点测定(按曲线长度继续排桩),整桩排完后进行曲线细部按 $l = 10$m 加桩,用钢尺往返丈量桩间距离,精度为 $K \leqslant 1/1\ 000$,起点的里程为 0 +000。

5. 圆曲线详细测设

(1)取 $l_0 = 10$m 以整桩号计算偏角法和切线支距法(或坐标法)详细测设圆曲线的数据(缓和曲线要确定缓和曲线长 $l_H$)。

(2)用偏角法和切线支距法详细测设圆曲线(或用坐标法详细测设)。

(3)测设精度要求纵向(切线方向)不超过 $\pm L/1\,000$($L$ 为圆曲线长);横向(法线方向)不超过 $\pm 10\text{cm}$。

6. 绘制里程桩手簿

测绘中线两侧宽各 50m 的带状地形图,方法自定。如遇建筑物只需测绘到建筑物的正面线。比例尺为 1:1 000。

## 二、道路纵、横断面水准测量

### 1. 基平测量

为了提高测量精度,在纵断面水准测量前,沿线路布设足够的水准点,一般线路较长时每隔 20~30km 设一个永久水准点,在起点、终点、大桥和隧道两边均应布设永久性水准点。在永久水准点间,每隔 0.5~1km 设立一个临时水准点,在较短的路线上,一般每隔 300~500m 设立一个临时水准点,在多种工程集中的地段应增设临时水准点,作为纵断面水准测量分段附和及施工引测高程的依据。

临时水准点间高差按四等水准测量精度要求,往、返观测,从测区附近水准点引测其高程。高差闭合差

$$f_h \leqslant \pm 30\sqrt{L}\ \text{mm} \quad \text{或} \quad f_h \leqslant \pm 9\sqrt{n}\ \text{mm}$$

式中,$L$ 为水准路线长度,以 km 计;$n$ 为测站数。

### 2. 中平测量

以相邻两个临时水准点为一测段,从基平测量的一个临时水准点出发,用一次仪高法测定线路中线上的转点、整桩、加桩的地面高程,再附合到基平测量的另一个临时水准点上。容许闭合差 $f_h \leqslant \pm 50\sqrt{L}$ mm 时,闭合差不用调整。

转点起传递高程的作用,因此前、后视读数读至 mm,中间点读数只计算地面高程,读至 cm。

### 3. 横断面水准测量

用手水准或水准仪测定各里程桩及垂直于中线两侧各 20m 的横断面上的有变化点的高程,水平距离用皮尺量至 0.1m,水准尺读至 0.01m。

## 三、纵、横断面图绘制

### 1. 纵断面图的绘制

为了明显表示地势变化,纵断面图高程比例尺通常比水平比例尺大 10 倍,高程比例尺为 1:100,水平距离比例尺为 1:1 000。以里程为横坐标、高程为纵坐标,按规定的比例尺将外业所测各点绘制在坐标计算纸上(或 CAD 出图),连接各点则为线路的中线的地面线。图的下部注有地面高程、设计高程、坡度、填高、挖深、里程桩、直线与曲线等资料。

(参考附图 2 线路纵断面图)

### 2. 横断面图的绘制

横断面图是设计路基横断面、计算土石方和施工时确定填挖边界线的依据。横断面图水平比例尺与高程比例尺均为 1:100。

# 第四部分　测量学作业

测量学作业可以检查学生对所学的测量学理论的掌握程度,也是运用所学的理论知识解决实际问题的手段,将测量学理论更灵活地应用到实践中。

## 作业一　图根导线测量内业

### 一、目的

(1)根据图根导线的外业观测数据和已知控制点的坐标,计算图根导线各点的坐标。
(2)绘制坐标格网及根据图根导线点的坐标,将坐标展绘在坐标格网内。

### 二、用具

(1)具有函数功能的计算器。
(2)三角板、坐标格网尺(向测量实验中心借用)。
(3)A2图纸1张,铅笔1支(2H～4H)及橡皮等(或CAD出图)。

### 三、方法与要求

1. 闭、附合导线的坐标计算

可根据各专业需要选做一种,计算数据填写在附表3中(导线坐标计算表)。

1)闭合导线坐标计算。

闭合导线的起始数据、观测的连接角、连接边数据见表4.1.1,观测的导线内角、边长及闭合导线示意见图4.1.1。作业的起始数据、连接角、连接边共36组,每位同学计算的题号与本人的学号一一对应,不允许选做或几名同学共做一题。

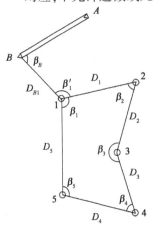

图 4.1.1　闭合导线

闭合导线观测数据:

$\beta_1 = 104°04'40''$　　$D_1 = 171.05\text{m}$

$\beta_2 = 57°01'06''$　　$D_2 = 156.07\text{m}$

$\beta_3 = 216°15'20''$　　$D_3 = 178.51\text{m}$

$\beta_4 = 48°30'14''$　　$D_4 = 184.61\text{m}$

$\beta_5 = 114°09'30''$　　$D_5 = 200.62\text{m}$

闭合导线起始、连接角、连接边数据 表 4.1.1

| 题号 | 已 知 点 坐 标 | | | | 连 接 角 | | | | 连接边 |
|---|---|---|---|---|---|---|---|---|---|
| | $X_A$ (m) | $Y_A$ (m) | $X_B$ (m) | $Y_B$ (m) | $\beta_B$ (° ′ ″) | | $\beta'_1$ (° ′ ″) | | $D_{B1}$ (m) |
| 1 | 5 100.131 | 5 080.906 | 4 898.817 | 4 799.573 | 79 46 10 | | 120 12 36 | | 205.93 |
| 2 | 5 111.094 | 5 069.873 | 4 889.174 | 4 811.139 | 88 51 30 | | 111 14 16 | | 210.96 |
| 3 | 5 099.255 | 5 200.321 | 4 842.349 | 4 951.441 | 93 59 30 | | 118 27 21 | | 208.21 |
| 4 | 5 000.761 | 5 156.699 | 4 799.757 | 4 905.774 | 84 36 00 | | 122 12 36 | | 212.14 |
| 5 | 5 055.958 | 5 067.975 | 4 790.701 | 4 834.819 | 95 25 12 | | 109 30 16 | | 209.73 |
| 6 | 5 156.156 | 4 954.181 | 4 975.961 | 4 677.016 | 76 45 05 | | 122 37 44 | | 204.88 |
| 7 | 5 188.258 | 5 187.292 | 4 934.151 | 4 907.180 | 100 46 25 | | 115 13 52 | | 217.43 |
| 8 | 5 289.835 | 4 791.087 | 5 048.951 | 4 525.274 | 88 46 20 | | 117 38 56 | | 208.91 |
| 9 | 5 215.011 | 4 874.487 | 4 976.870 | 4 598.218 | 85 45 15 | | 119 35 46 | | 211.44 |
| 10 | 5 276.020 | 5 085.139 | 5 132.688 | 4 777.016 | 73 50 20 | | 114 17 31 | | 212.21 |
| 11 | 5 140.386 | 5 050.187 | 4 833.783 | 4 835.985 | 98 52 00 | | 116 56 29 | | 201.04 |
| 12 | 5 137.086 | 4 973.826 | 4 908.251 | 4 701.654 | 89 54 05 | | 113 36 25 | | 206.56 |
| 13 | 5 033.314 | 5 001.567 | 4 891.545 | 4 663.813 | 66 55 13 | | 117 37 35 | | 211.73 |
| 14 | 5 151.508 | 5 121.578 | 4 930.376 | 4 804.865 | 77 51 38 | | 114 56 56 | | 208.94 |
| 15 | 5 099.347 | 4 971.626 | 4 759.304 | 4 861.515 | 112 48 07 | | 112 15 29 | | 200.88 |
| 16 | 5 001.557 | 5 050.607 | 4 866.015 | 4 731.684 | 67 45 55 | | 116 16 34 | | 211.01 |
| 17 | 5 159.307 | 4 931.586 | 4 814.864 | 4 773.824 | 104 58 05 | | 119 23 43 | | 207.22 |
| 18 | 5 178.225 | 4 976.026 | 4 904.853 | 4 713.764 | 90 50 26 | | 115 08 34 | | 217.04 |
| 19 | 5 100.446 | 4 921.476 | 4 851.501 | 4 658.203 | 85 53 36 | | 117 18 40 | | 211.18 |
| 20 | 4 920.366 | 4 969.316 | 4 810.455 | 4 613.763 | 63 54 43 | | 111 56 54 | | 203.33 |
| 21 | 5 189.238 | 5 091.647 | 4 989.336 | 4 811.465 | 80 47 20 | | 119 11 26 | | 216.41 |
| 22 | 5 199.341 | 5 081.634 | 4 969.316 | 4 821.475 | 89 52 40 | | 110 25 06 | | 221.95 |
| 23 | 5 111.467 | 5 188.238 | 4 822.674 | 4 940.386 | 94 50 48 | | 117 36 36 | | 209.11 |
| 24 | 4 988.776 | 5 169.318 | 4 805.132 | 4 900.901 | 83 56 15 | | 122 52 36 | | 214.22 |
| 25 | 5 043.797 | 5 080.427 | 4 791.644 | 4 823.775 | 93 55 17 | | 110 07 29 | | 219.99 |
| 26 | 5 143.798 | 4 966.016 | 4 978.219 | 4 671.623 | 75 55 00 | | 122 56 56 | | 207.62 |
| 27 | 5 098.246 | 5 174.928 | 4 840.384 | 4 901.656 | 101 45 05 | | 115 53 32 | | 170.93 |
| 28 | 5 278.118 | 4 802.755 | 5 060.507 | 4 513.762 | 87 50 10 | | 117 18 16 | | 228.03 |
| 29 | 5 202.759 | 4 886.035 | 4 988.236 | 4 587.132 | 84 55 13 | | 119 25 47 | | 220.16 |
| 30 | 5 263.819 | 5 097.147 | 5 143.798 | 4 766.014 | 71 50 25 | | 115 35 31 | | 209.32 |
| 31 | 5 128.176 | 5 051.607 | 4 844.881 | 4 824.875 | 97 52 13 | | 116 13 45 | | 212.63 |
| 32 | 5 062.806 | 4 986.036 | 4 798.243 | 4 711.564 | 89 46 15 | | 113 46 06 | | 176.97 |
| 33 | 5 020.367 | 5 013.767 | 4 900.905 | 4 653.131 | 64 55 23 | | 117 07 36 | | 206.33 |
| 34 | 5 139.288 | 5 133.788 | 4 941.496 | 4 793.844 | 76 52 08 | | 113 57 26 | | 210.91 |
| 35 | 5 087.137 | 4 983.836 | 4 770.416 | 4 860.405 | 111 45 12 | | 113 08 48 | | 202.24 |
| 36 | 4 989.348 | 5 062.717 | 4 870.415 | 4 731.484 | 66 51 24 | | 115 31 36 | | 209.78 |

2）附合导线坐标计算。

附合导线的起始数据、观测数据见表4.1.2及图4.1.2。

该作业的起始数据共38组，每位同学计算的题号和本人的学号要一一对应，不允许选做或几名同学共做一题。

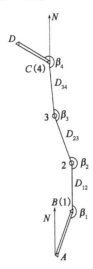

图4.1.2　附合导线

附合导线观测数据：

$\beta_1 = 191°56'36''$　　$D_{12} = 160.32\,\mathrm{m}$

$\beta_2 = 214°39'12''$　　$D_{23} = 195.25\,\mathrm{m}$

$\beta_3 = 143°13'24''$　　$D_{34} = 140.81\,\mathrm{m}$

$\beta_4 = 266°57'12''$

附合导线起始数据　　　　　　　　　　　　　　表4.1.2

| 题号 | 已知点坐标 | | | | 已知点坐标 | | | |
|---|---|---|---|---|---|---|---|---|
| | $X_A$ （m） | $Y_A$ （m） | $X_B$ （m） | $Y_B$ （m） | $X_C$ （m） | $Y_C$ （m） | $X_D$ （m） | $Y_D$ （m） |
| 1 | 4 321.830 | 4 663.998 | 5 160.500 | 5 208.637 | 5 629.167 | 5 275.769 | 6 070.916 | 4 378.631 |
| 2 | 4 516.003 | 4 728.681 | 5 364.025 | 5 258.641 | 5 834.010 | 5 317.650 | 6 260.079 | 4 412.959 |
| 3 | 4 668.503 | 4 793.517 | 5 525.620 | 5 308.638 | 5 996.447 | 5 359.238 | 6 406.706 | 4 447.269 |
| 4 | 4 597.817 | 4 851.472 | 5 459.372 | 5 359.136 | 5 930.845 | 5 405.665 | 6 333.175 | 4 490.170 |
| 5 | 4 725.993 | 4 924.162 | 5 600.519 | 5 409.141 | 6 073.009 | 5 443.520 | 6 451.280 | 4 517.825 |
| 6 | 4 191.514 | 5 066.457 | 5 070.331 | 5 543.616 | 5 543.185 | 5 573.761 | 5 913.184 | 4 644.729 |
| 7 | 4 585.477 | 5 070.605 | 5 476.373 | 5 524.811 | 5 949.798 | 5 542.449 | 6 295.578 | 4 604.134 |
| 8 | 4 556.134 | 4 927.841 | 5 453.649 | 5 368.825 | 5 927.316 | 5 379.537 | 6 259.184 | 4 436.211 |
| 9 | 4 251.989 | 5 100.645 | 5 157.105 | 5 525.810 | 5 630.761 | 5 528.166 | 5 946.023 | 4 579.162 |
| 10 | 4 502.418 | 5 191.252 | 5 414.697 | 5 600.821 | 5 888.069 | 5 595.259 | 6 186.999 | 4 640.984 |
| 11 | 4 438.173 | 4 743.770 | 5 357.518 | 5 137.222 | 5 830.873 | 5 123.067 | 6 112.963 | 4 163.679 |
| 12 | 4 642.879 | 4 817.260 | 5 568.914 | 5 194.697 | 6 041.865 | 5 172.408 | 6 307.262 | 4 208.269 |
| 13 | 4 332.974 | 4 983.228 | 5 264.366 | 5 347.247 | 5 737.167 | 5 318.146 | 5 988.608 | 4 350.273 |
| 14 | 4 676.008 | 5 109.194 | 5 612.612 | 5 459.583 | 6 084.980 | 5 423.647 | 6 322.270 | 4 452.208 |
| 15 | 4 607.215 | 5 069.219 | 5 550.775 | 5 400.420 | 6 022.012 | 5 355.013 | 6 239.427 | 4 378.934 |
| 16 | 4 865.688 | 5 749.253 | 5 814.931 | 6 063.798 | 6 285.643 | 6 009.872 | 6 485.847 | 5 030.118 |
| 17 | 4 521.889 | 5 536.501 | 5 476.419 | 5 834.616 | 5 945.843 | 5 772.867 | 6 129.108 | 4 789.803 |
| 18 | 4 545.294 | 4 950.509 | 5 504.045 | 5 234.757 | 5 972.492 | 5 166.128 | 6 141.488 | 4 180.511 |

续上表

| 题号 | 已知点坐标 | | | | 已知点坐标 | | | |
|---|---|---|---|---|---|---|---|---|
| | $X_A$ (m) | $Y_A$ (m) | $X_B$ (m) | $Y_B$ (m) | $X_C$ (m) | $Y_C$ (m) | $X_D$ (m) | $Y_D$ (m) |
| 19 | 4 403.554 | 5 218.330 | 5 366.403 | 5 488.370 | 5 834.122 | 5 412.587 | 5 988.526 | 4 424.579 |
| 20 | 4 333.488 | 5 333.079 | 5 300.866 | 5 586.415 | 5 766.865 | 5 502.790 | 5 904.146 | 4 512.258 |
| 21 | 4 511.323 | 5 586.343 | 5 482.987 | 5 822.710 | 5 947.725 | 5 730.660 | 6 067.650 | 4 737.877 |
| 22 | 4 547.929 | 5 144.996 | 5 523.549 | 5 364.464 | 5 986.653 | 5 264.444 | 6 089.330 | 4 269.729 |
| 23 | 4 483.071 | 5 048.434 | 5 461.490 | 5 255.065 | 5 923.266 | 5 149.017 | 6 012.865 | 4 153.039 |
| 24 | 4 331.803 | 5 378.099 | 5 313.707 | 5 567.480 | 5 773.536 | 5 453.245 | 5 845.594 | 4 455.845 |
| 25 | 4 401.564 | 5 529.489 | 5 386.615 | 5 701.752 | 5 844.369 | 5 579.575 | 5 899.057 | 4 581.072 |
| 26 | 4 331.596 | 5 457.109 | 5 319.720 | 5 610.766 | 5 775.115 | 5 479.970 | 5 810.964 | 4 480.613 |
| 27 | 4 401.251 | 5 213.703 | 5 391.900 | 5 350.139 | 5 844.890 | 5 211.365 | 5 863.341 | 4 211.535 |
| 28 | 4 456.553 | 4 966.952 | 5 449.438 | 5 086.030 | 5 899.969 | 4 939.365 | 5 900.919 | 3 939.365 |
| 29 | 4 670.506 | 5 043.778 | 5 665.323 | 5 145.461 | 6 113.166 | 4 990.969 | 6 096.615 | 3 991.106 |
| 30 | 4 118.150 | 4 973.976 | 5 114.466 | 5 059.731 | 5 559.548 | 4 898.325 | 5 527.003 | 3 898.855 |
| 31 | 4 554.220 | 5 125.968 | 5 551.878 | 5 194.370 | 5 994.061 | 5 025.270 | 5 944.127 | 4 026.518 |
| 32 | 4 437.860 | 5 042.553 | 5 436.775 | 5 089.127 | 5 875.173 | 4 910.356 | 5 803.415 | 3 912.934 |
| 33 | 4 174.446 | 5 246.733 | 5 174.020 | 5 275.915 | 5 609.539 | 5 089.365 | 5 520.432 | 4 093.343 |
| 34 | 4 237.785 | 5 325.071 | 5 237.715 | 5 336.900 | 5 669.872 | 5 143.031 | 5 563.492 | 4 148.705 |
| 35 | 4 355.757 | 5 159.155 | 5 355.742 | 5 153.580 | 5 784.237 | 4 952.266 | 5 660.569 | 3 959.942 |
| 36 | 4 430.808 | 5 268.033 | 5 430.467 | 5 241.905 | 5 854.970 | 5 031.473 | 5 710.930 | 4 041.901 |
| 37 | 4 174.573 | 5 295.245 | 5 173.626 | 5 251.723 | 5 594.175 | 5 034.286 | 5 432.935 | 4 047.362 |
| 38 | 4 232.724 | 5 382.697 | 5 230.874 | 5 321.891 | 5 647.544 | 5 097.167 | 5 469.248 | 4 113.190 |

3)计算要求

(1)角度闭合差：$f_\beta \leqslant \pm 60'' \sqrt{n}$（$n$ 为观测角个数），角度计算取至秒。

(2)坐标增量及坐标取至 cm。

(3)导线全长相对闭合差：

$$K = \frac{f_D}{\sum D} = \frac{1}{\sum D / f_D} \leqslant \frac{1}{2\ 000}$$

式中，$\sum D$ 为导线全长；$f_D = \sqrt{f_x^2 + f_y^2}$。

2.绘制坐标方格网

(1)在 A2 图纸上绘制 10cm×10cm 方格网，绘制方法可用坐标格网尺法或对角线法。

(2)展绘方格网、图廓线及控制点的限差见表 4.1.3。

展绘方格网、图廓线及控制点的限差 表 4.1.3

| 项 目 | 限 差(mm) | |
|---|---|---|
| | 用直角坐标展点仪 | 用格网尺等 |
| 方格网实际长度与名义长度之差 | 0.15 | 0.2 |
| 图廓对角线长度与理论长度之差 | 0.2 | 0.3 |

| 项　　目 | 限　　差(mm) | |
|---|---|---|
| | 用直角坐标展点仪 | 用格网尺等 |
| 控制点间的图上长度与坐标反算长度之差 | 0.2 | 0.3 |
| 坐标格网线宽度 | 0.1 | 0.1 |

（3）方格网只保留"＋"字交叉线,线长为10mm。

3. 导线点展绘（按1:500或1:1 000比例尺）

为使导线点均匀地展绘在图幅中间,根据导线点纵、横坐标的最大和最小值,1: 500比例尺取50m的整数倍;1:1 000比例尺取100m的整数倍,确定坐标格网线西南角的坐标值。将作业中计算的导线点坐标展绘到坐标格网中。展绘限差要求:相邻导线点间图上长度与图上理论长度之差 $\Delta d \leqslant \pm 0.3$mm。

# 作业二　地形图绘制

## 一、目的

（1）选作业一的导线点作为控制点,根据碎部测量点成果展绘特征点。

（2）根据图上地形点高程,勾绘等高线。

（3）地形图的整饰。

## 二、用具

（1）测量专用半圆仪(20cm)、比例尺、三角板。

（2）铅笔1支(2H～4H)及橡皮等(或CAD绘图)。

## 三、方法和要求

1. 碎部测量点的展绘

（1）绘图比例尺为1:500或1:1 000。

（2）选取测站点和定向的零方向:根据导线点在图上的位置,尽量在图幅中央区域选取导线点作为测站点,另一个导线点作为定向点。

（3）展绘特征点的方法可以用极坐标法、直角坐标法或批量输入CAD或CASS绘图软件中。碎部测量点成果表中的水平角是定向方向为零方向,顺时针旋转到碎部点方向的角度。

（4）在地形点的右侧注记点的高程。

2. 勾绘等高线

（1）图内地物按地形图图式符号描绘。房屋用直线连接特征点。道路、河流的边界特征点展绘出来后,再依据这些点勾绘平滑曲线;另一侧边界若无特征点可依照所测宽度作对面的平行线。

（2）根据地形点的高程用目估法勾绘等高线，等高距为1m，首曲线线宽0.15mm；每隔5m的整数倍绘计曲线，线宽0.3mm。等高线应为平滑的曲线，勾绘完毕可依据地形进行适当调查。

### 3. 地形图的整饰

检查地物和等高线，确认无误后进行整饰。整饰要求：

（1）除了地形图图示上注明的线宽外其他线宽均按0.15mm的线宽整饰。

（2）注记字头朝北（等高线高程朝向山顶），字的顺序从左至右，由上至下排列，上下、左右是以45°以上用上下排列，45°以下用左右排列，字体均采用等线体。字体大小和注记要求：

①碎部点高程注记在点的右侧或上侧，离点位的间隔应为0.5mm，字体大小为2.0mm×1.5mm。

②计曲线宽度为0.3mm，高程注记字头朝向山顶，与曲线垂直（注记处曲线断开），线划与字间隔0.2mm，字体大小为2.5mm×2.0mm。

③河流、道路、房子等名称视具体地物大小情况而定，公路与桥梁间隔0.2mm。

（3）导线点用圆表示，直径2.0mm，圆心为导线点点位，注记在右侧，为分式形式，分子为导线点编号，分母为导线点高程，分数线10mm长，字体大小为2.5mm×2.0mm（例如$\odot\dfrac{D_1}{136.36}$）。

（4）图内每隔10cm绘一个坐标格网交叉点，保留"+"交叉线，线长10mm，内图廓线上的坐标网线，向图内侧绘5mm短线，如图4.2.1所示。

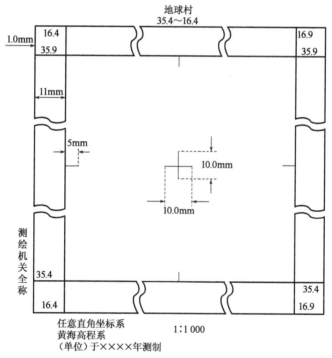

图4.2.1　图廓整饰

（5）距内图廓11.0mm处绘外图廓线，线宽1.0mm，并在内外图廓间四个角分别标注图廓坐标。

（6）在距外图廓正下方5mm处注记数字比例尺，宋体字大小为4.0mm×2.5mm。

（7）图外左下角注明测图所用的××坐标系、××高程系、地形图图示版本、（单位）于××××年测制。图外左侧下部竖向标注测图机关全称。

（8）在图的正上方注明图名，图名可采用地名或企事业单位名称，图名为两个字的字间隔为两个字，三个字的字间隔为一个字，四个字以上的字间隔为2mm～3mm；字体为中等线体，大小为6.0 mm×6.0 mm。在图名正下方3mm、图廓线正上方5mm处标明西南角坐标，字体为长等线体，大小为5.0 mm×2.5 mm。

**4. 外业观测数据及碎部测量点草图**

根据外业采集的碎部点成果（表4.2.1），展绘的碎部点草图见图4.2.2，图中控制点Ⅰ为测站点，控制点Ⅱ为定向点。当用直角坐标法展绘时，需要先将表4.2.1中极坐标数据换算成直角坐标数据。

碎部点成果表 表4.2.1

| 测 站 | 测　　点 | 水平角<br>（°　′） | 水平距离<br>（m） | 高程<br>（m） | 备　　注 |
|---|---|---|---|---|---|
| | Ⅱ | 0　00 | — | — | 测站点高程为177.6m |
| | 1 | 215　45 | 98.5 | 171.5 | |
| | 2 | 236　05 | 66.5 | 171.3 | 月亮河靠近测站点一侧的岸边河宽13m |
| | 3 | 271　10 | 52.0 | 171.1 | |
| | 4 | 308　45 | 63.0 | 169.8 | |
| | 5 | 333　15 | 108.1 | 169.2 | |
| | 6 | 318　00 | 89.5 | 172.1 | |
| | 7 | 320　30 | 94.0 | — | 桥头 |
| | 8 | 323　30 | 81.5 | — | |
| | 9 | 326　00 | 87.5 | — | |
| Ⅰ | 10 | 319　00 | 69.9 | — | 房角 |
| | 11 | 328　10 | 61.0 | 173.4 | |
| | 12 | 332　00 | 67.0 | — | |
| | 13 | 312　00 | 100.2 | 171.1 | 路边靠近站点一侧路宽6m |
| | 14 | 350　30 | 62.0 | 171.0 | |
| | 15 | 16　00 | 69.0 | 169.5 | 公路名称:测绘公路 |
| | 16 | 1　00 | 20.5 | 173.9 | |
| | 17 | 30　00 | 29.0 | 174.7 | |
| | 18 | 32　30 | 60.5 | 171.6 | 地形点 |
| | 19 | 95　10 | 24.0 | 171.2 | |
| | 20 | 157　05 | 27.0 | 175.3 | |
| | 21 | 159　20 | 51.5 | 173.3 | |

续上表

| 测 站 | 测 点 | 水平角<br>(° ′) | 水平距离<br>(m) | 高程<br>(m) | 备 注 |
|---|---|---|---|---|---|
| I | 22 | 161 00 | 84.0 | 171.2 | |
| | 23 | 174 30 | 83.0 | 169.5 | |
| | 24 | 181 00 | 70.0 | 171.0 | |
| | 25 | 189 30 | 76.5 | 172.0 | |
| | 26 | 201 30 | 88.5 | 170.9 | |
| | 27 | 208 50 | 48.5 | 173.4 | |
| | 28 | 211 40 | 68.2 | 174.5 | 地形点 |
| | 29 | 245 30 | 42.5 | 171.2 | |
| | 30 | 269 30 | 22.0 | 174.8 | |
| | 31 | 287 00 | 45.0 | 172.0 | |
| | 32 | 315 30 | 37.5 | 176.5 | |
| | 33 | 326 30 | 22.0 | 175.3 | |
| | 34 | 340 00 | 43.2 | 174.2 | |

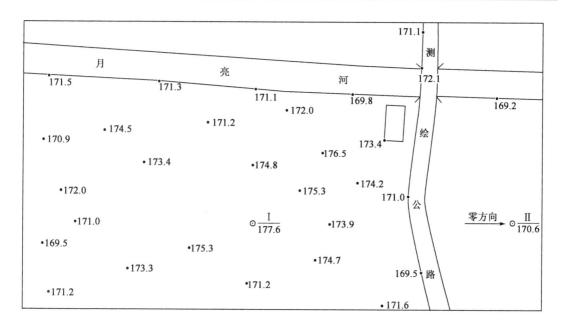

图 4.2.2 碎步测量草图

5.注意事项

(1)测站点、定向点要选在控制点上。

(2)勾绘地形图时地形点一般是沿山脊线、山谷线的坡度变化点采集数据。

# 作业三　地形图应用

根据 1:1 000 地形图(见附图 3　地球村)求解下列问题:

(1)求 E、F、J 点坐标。

(2)求 I、J 点高程。

(3)用解析法求 EF 水平距离。

(4)用解析法求 EF 坐标方位角 $\alpha_{EF}$。

(5)按水平比例尺 1:1 000,高程比例尺 1:100,作 EF 纵断面图。

(6)求 JK 平均坡度。

(7)由 I 至 F 作 $i \leqslant 20\%$ 的坡度线。

(8)绘出水流过桥梁 G 处的汇水区域。

(9)在图中 ABCD 范围内设计成 a、b、c 点地面高程不允许更改的倾斜场地,确定填挖边界线并标注填、挖。

(10)将 MNPO 范围内的土地平整成水平场地。基于填挖土方量平衡的原则,求设计高程,绘出填挖边界线并标明填、挖。

# 附　录

闭合导线坐标计算答案(部分)

附表1

| 题号 | 角度闭合差 $f_\beta$ | 坐标方位角 $\alpha_{AB}$ | 坐标增量闭合差(m) | | 导线全长相对闭合差 $K$ |
|---|---|---|---|---|---|
| | | | $f_x$ | $f_y$ | |
| 1 | 50″ | 234°24′49″ | 0.275 | −0.112 | 1/2 997 |
| 2 | 50″ | 229°22′47″ | 0.265 | −0.135 | 1/2 997 |
| 3 | 50″ | 224°05′27″ | 0.279 | −0.102 | 1/2 997 |
| 4 | 50″ | 231°18′12″ | 0.282 | −0.094 | 1/2 997 |
| 5 | 50″ | 221°18′54″ | 0.257 | −0.150 | 1/2 997 |
| 6 | 50″ | 236°58′14″ | 0.279 | −0.103 | 1/2 997 |
| 7 | 50″ | 227°47′13″ | 0.290 | −0.066 | 1/2 997 |
| 8 | 50″ | 227°49′00″ | 0.275 | −0.113 | 1/2 997 |
| 9 | 50″ | 229°14′20″ | 0.276 | −0.111 | 1/2 997 |
| 10 | 50″ | 245°03′11″ | 0.273 | −0.118 | 1/2 997 |
| 11 | 50″ | 214°56′21″ | 0.268 | −0.129 | 1/2 997 |
| 12 | 50″ | 229°56′38″ | 0.273 | −0.117 | 1/2 997 |
| 13 | 50″ | 247°13′49″ | 0.270 | −0.125 | 1/2 997 |
| 14 | 50″ | 235°04′37″ | 0.261 | −0.143 | 1/2 997 |
| 15 | 50″ | 197°56′34″ | 0.248 | −0.164 | 1/2 997 |
| 16 | 50″ | 246°58′28″ | 0.268 | −0.128 | 1/2 997 |
| 17 | 50″ | 204°36′32″ | 0.263 | −0.138 | 1/2 997 |
| 18 | 50″ | 223°48′42″ | 0.265 | −0.134 | 1/2 997 |
| 19 | 50″ | 226°36′08″ | 0.265 | −0.134 | 1/2 997 |
| 20 | 50″ | 252°49′20″ | 0.263 | −0.139 | 1/2 997 |
| 21 | 50″ | 234°29′36″ | 0.275 | −0.112 | 1/2 997 |
| 22 | 50″ | 228°31′04″ | 0.263 | −0.138 | 1/2 997 |
| 23 | 50″ | 220°38′14″ | 0.273 | −0.118 | 1/2 997 |
| 24 | 50″ | 235°37′16″ | 0.288 | −0.073 | 1/2 997 |

| 题号 | 角度闭合差 $f_\beta$ | 坐标方位角 $\alpha_{AB}$ | 坐标增量闭合差（m） | | 导线全长相对闭合差 $K$ |
|---|---|---|---|---|---|
| | | | $f_x$ | $f_y$ | |
| 25 | 50″ | 225°30′24″ | 0.265 | −0.135 | 1/2 997 |
| 26 | 50″ | 240°38′41″ | 0.284 | −0.087 | 1/2 997 |
| 27 | 50″ | 226°39′43″ | 0.290 | −0.063 | 1/2 997 |
| 28 | 50″ | 233°01′13″ | 0.282 | −0.094 | 1/2 997 |
| 29 | 50″ | 234°19′59″ | 0.283 | −0.091 | 1/2 997 |
| 30 | 50″ | 250°04′36″ | 0.281 | −0.097 | 1/2 997 |
| 31 | 50″ | 218°40′18″ | 0.272 | −0.120 | 1/2 997 |
| 32 | 50″ | 226°03′11″ | 0.265 | −0.135 | 1/2 997 |
| 33 | 50″ | 251°40′20″ | 0.274 | −0.115 | 1/2 997 |
| 34 | 50″ | 239°48′27″ | 0.267 | −0.130 | 1/2 997 |
| 35 | 50″ | 201°17′30″ | 0.256 | −0.150 | 1/2 997 |
| 36 | 50″ | 250°14′56″ | 0.272 | −0.121 | 1/2 997 |

**附合导线坐标计算答案（部分）**　　　　　　　　　　　　　　附表2

| 题号 | 角度闭合差 $f_\beta$ | 起始边坐标方位角 $\alpha_{AB}$ | 终边坐标方位角 $\alpha_{CD}$ | 坐标增量闭合差（m） | | 导线全长相对闭合差 $K$ |
|---|---|---|---|---|---|---|
| | | | | $f_x$ | $f_y$ | |
| 1 | 40″ | 33°00′00″ | 296°12′56″ | 0.175 | −0.050 | 1/2 727 |
| 2 | 40″ | 32°00′10″ | 295°13′06″ | −0.047 | −0.096 | 1/4 644 |
| 3 | 40″ | 31°00′20″ | 294°13′16″ | 0.066 | 0.125 | 1/3 512 |
| 4 | 40″ | 30°30′30″ | 293°43′26″ | −0.158 | 0.108 | 1/2 594 |
| 5 | 40″ | 29°00′40″ | 292°13′36″ | −0.117 | −0.073 | 1/3 599 |
| 6 | 40″ | 28°30′00″ | 291°42′56″ | −0.194 | −0.054 | 1/2 465 |
| 7 | 40″ | 27°00′50″ | 290°13′46″ | −0.144 | 0.018 | 1/3 421 |
| 8 | 40″ | 26°10′00″ | 289°22′56″ | −0.174 | 0.110 | 1/2 411 |
| 9 | 40″ | 25°09′40″ | 288°22′36″ | −0.046 | 0.155 | 1/3 070 |
| 10 | 40″ | 24°10′40″ | 287°23′36″ | 0.211 | −0.055 | 1/2 276 |
| 11 | 40″ | 23°10′10″ | 286°23′06″ | 0.056 | 0.205 | 1/2 336 |
| 12 | 40″ | 22°10′30″ | 285°23′26″ | 0.147 | 0.125 | 1/2 572 |
| 13 | 40″ | 21°20′50″ | 284°33′46″ | −0.073 | 0.104 | 1/3 907 |

| 题号 | 角度闭合差 $f_\beta$ | 起始边坐标方位角 $\alpha_{AB}$ | 终边坐标方位角 $\alpha_{CD}$ | 坐标增量闭合差（m） | | 导线全长相对闭合差 $K$ |
|------|------|------|------|------|------|------|
| | | | | $f_x$ | $f_y$ | |
| 14 | 40″ | 20°30′40″ | 283°43′36″ | −0.113 | 0.043 | 1/4 106 |
| 15 | 40″ | 19°20′30″ | 282°33′26″ | 0.187 | −0.116 | 1/2 256 |
| 16 | 40″ | 18°20′00″ | 281°32′56″ | −0.162 | 0.114 | 1/2 506 |
| 17 | 40″ | 17°20′40″ | 280°33′36″ | 0.127 | −0.176 | 1/2 287 |
| 18 | 40″ | 16°30′50″ | 279°43′46″ | 0.157 | −0.096 | 1/2 697 |
| 19 | 40″ | 15°40′00″ | 278°52′56″ | −0.182 | 0.137 | 1/2 179 |
| 20 | 40″ | 14°40′30″ | 277°53′26″ | 0.158 | −0.102 | 1/2 639 |
| 21 | 40″ | 13°40′20″ | 276°53′16″ | −0.117 | 0.178 | 1/2 330 |
| 22 | 40″ | 12°40′40″ | 275°53′36″ | −0.148 | 0.098 | 1/2 796 |
| 23 | 40″ | 11°55′30″ | 275°08′26″ | −0.173 | 0.052 | 1/2 748 |
| 24 | 40″ | 10°55′00″ | 274°07′56″ | −0.162 | 0.133 | 1/2 368 |
| 25 | 40″ | 9°55′10″ | 273°08′06″ | −0.143 | 0.092 | 1/2 919 |
| 26 | 40″ | 8°50′20″ | 272°03′16″ | −0.167 | 0.103 | 1/2 530 |
| 27 | 40″ | 7°50′30″ | 271°03′26″ | −0.106 | 0.178 | 1/2 396 |
| 28 | 40″ | 6°50′20″ | 270°03′16″ | −0.142 | 0.164 | 1/2 288 |
| 29 | 40″ | 5°50′10″ | 269°03′06″ | −0.087 | 0.132 | 1/3 140 |
| 30 | 40″ | 4°55′10″ | 268°08′06″ | 0.148 | −0.098 | 1/2 796 |
| 31 | 40″ | 3°55′20″ | 267°08′16″ | 0.168 | −0.128 | 1/2 350 |
| 32 | 40″ | 2°40′10″ | 265°53′06″ | 0.148 | −0.088 | 1/2 883 |
| 33 | 40″ | 1°40′20″ | 264°53′16″ | −0.153 | 0.086 | 1/2 828 |
| 34 | 40″ | 0°40′40″ | 263°53′36″ | −0.092 | −0.123 | 1/3 232 |
| 35 | 40″ | 359°40′50″ | 262°53′46″ | 0.128 | −0.168 | 1/2 350 |
| 36 | 40″ | 358°30′10″ | 261°43′06″ | −0.112 | 0.182 | 1/2 323 |
| 37 | 40″ | 357°30′20″ | 260°43′16″ | 0.119 | −0.167 | 1/2 421 |
| 38 | 40″ | 356°30′50″ | 259°43′46″ | 0.169 | −0.128 | 1/2 341 |

**导线坐标计算表**

附表 3

| 点号 | 观测角 β (° ′ ″) | 改正数 (″) | 改正后角值 (° ′ ″) | 坐标方位角 α (° ′ ″) | 距离 D (m) | 坐标增量 (m) Δx | 坐标增量 (m) Δy | 改正后坐标增量 (m) Δx | 改正后坐标增量 (m) Δy | 坐标值 x | 坐标值 y | 点号 |
|---|---|---|---|---|---|---|---|---|---|---|---|---|
| | | | | | | | | | | | | |
| | | | | | | | | | | | | |
| | | | | | | | | | | | | |
| | | | | | | | | | | | | |
| | | | | | | | | | | | | |
| | | | | | | | | | | | | |

$\sum \beta_{测} =$

$\sum \beta_{测} = (n-2) \times 180° =$

$f_\beta = \sum \beta_{测} - \sum \beta_{测} =$

$\sum D =$  $\sum \Delta x =$  $\sum \Delta y =$

$\alpha_{始} - \alpha_{终} =$

$f_\beta = (\alpha_{始} - \alpha_{终}) \mp n \times 180° \pm \sum \beta_{测} =$

$f_{\beta容} = \pm ( ) \sqrt{n}$

$f_x =$

$f_y =$

$f_D = \sqrt{f_x^2 + f_y^2}$

$K = \dfrac{f_D}{\sum D}$

班级:＿＿＿＿＿  学号:＿＿＿＿＿  姓名:＿＿＿＿＿

134

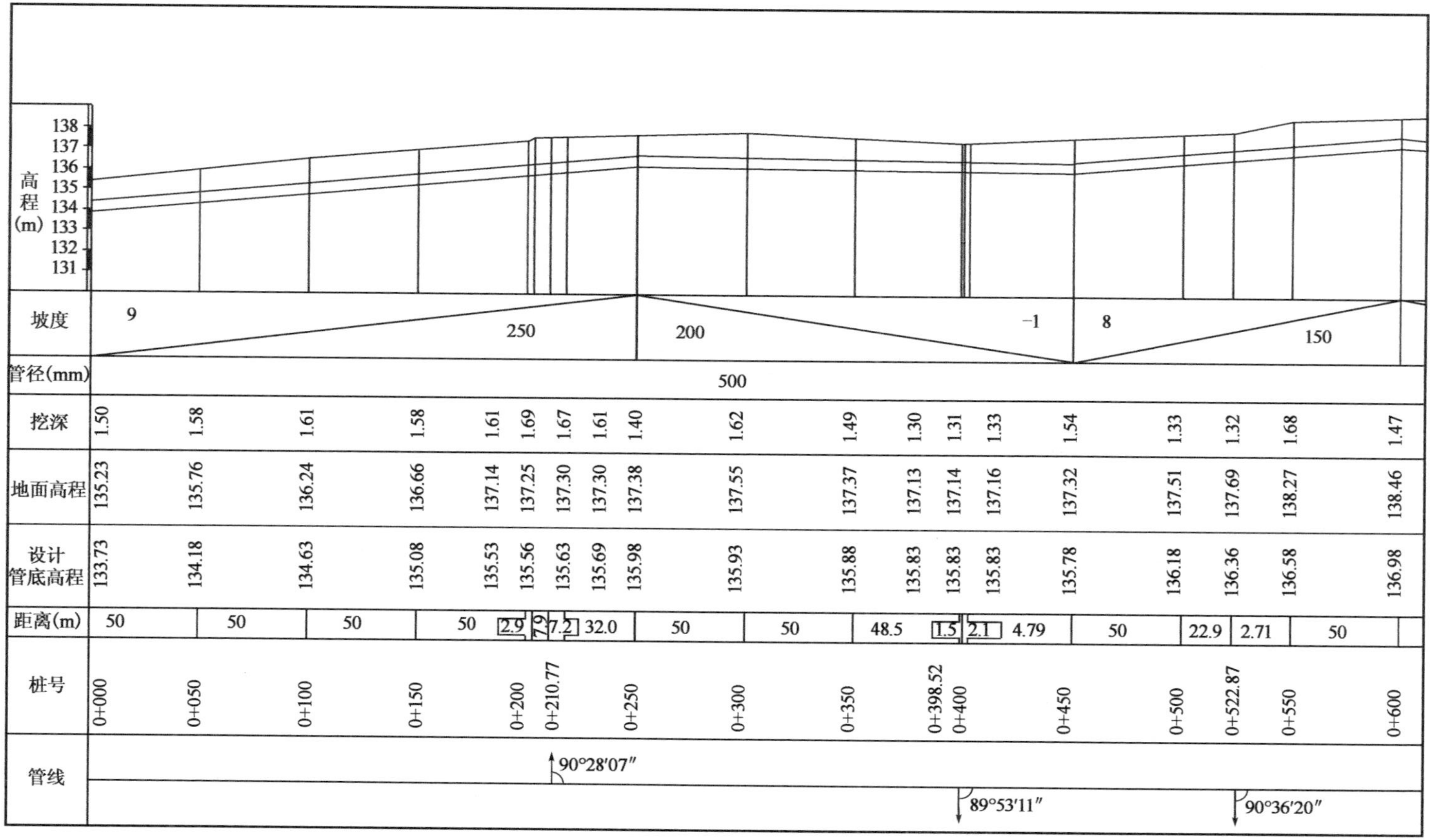
高程(m)
138
137
136
135
134
133
132
131
坡度
9
250
200
-1
8
150
管径(mm)
500
挖深
1.50 1.58 1.61 1.58 1.61 1.69 1.67 1.61 1.40 1.62 1.49 1.30 1.31 1.33 1.54 1.33 1.32 1.68 1.47
地面高程
135.23 135.76 136.24 136.66 137.14 137.25 137.30 137.30 137.38 137.55 137.37 137.13 137.14 137.16 137.32 137.51 137.69 138.27 138.46
设计管底高程
133.73 134.18 134.63 135.08 135.53 135.56 135.63 135.69 135.98 135.93 135.88 135.83 135.83 135.83 135.78 136.18 136.36 136.58 136.98
距离(m)
50 50 50 50 2.9 7.9 7.2 32.0 50 50 48.5 1.5 2.1 4.79 50 22.9 2.71 50
桩号
0+000 0+050 0+100 0+150 0+200 0+210.77 0+250 0+300 0+350 0+398.52 0+400 0+450 0+500 0+522.87 0+550 0+600
管线
90°28′07″
89°53′11″
90°36′20″

附图1 管线纵断面图

（水平比例尺：1∶1 000；高程比例尺：1∶100）

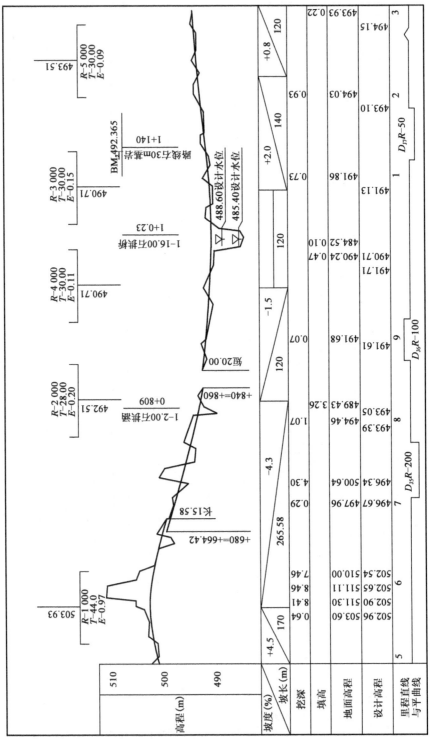

附图2　线路纵断面图

# 参 考 文 献

[1] 孙国芳.测量学实验及应用[M].哈尔滨:哈尔滨工业大学出版社,2004.

[2] 姬玉华,夏冬君.测量学[M].哈尔滨:哈尔滨工业大学出版社,2004.

[3] 中华人民共和国国家标准.工程测量规范(GB 50026—2007).北京:中国计划出版社,2008.

[4] 中华人民共和国行业标准.城市测量规范(CJJ/T 8—2011).北京:中国建筑工业出版社,2011.